QINGSHANG DE SHIJIE

QINGSHANG DE S

QINGSHANG

SHANG DE SHIJIE

DE SHIJIE

IJIE

情商的世界

QINGSHANG
DE SHIJIE

QINGSHANG DE SHIJIE

浩晨·天宇 / 编著

QINGSHANG DE SHIJIE

DE SHIJIE

DE SHIJIE

CE

> **情商最高的行为是什么？即使是对最熟悉、**
> **最亲切的人，仍然保持尊重和耐心。**

QING

QINGSHANG

QINGSHANG DE SHIJIE

qingsh

QIN

中国言实出版社

图书在版 编目(CIP)数据

情商的世界 / 浩晨・天宇编著. -- 北京 ：中国言
实出版社，2017.1
　ISBN 978-7-5171-2213-5

　Ⅰ．①情… Ⅱ．①浩… Ⅲ．①情商－通俗读物 Ⅳ.
①B842.6-49

　中国版本图书馆CIP数据核字 (2017) 第013607号

责任编辑： 胡　　明
封面设计： 浩　　天

出版发行　中国言实出版社
　　　　地　　址：北京市朝阳区北苑路180号加利大厦5号楼105室
　　　　邮　　编：100101
　　　　编辑部：北京市海淀区北太平庄路甲1号
　　　　邮　　编：100088
　　　　电　　话：64924853（总编室）64924716（发行部）
　　　　网　　址：www.zgyscbs.cn
　　　　E-mail：zgyscbs@263.net
经　　销　新华书店
印　　刷　三河市天润建兴印务有限公司
版　　次　2017年7月第1版　　2017年7月第1次印刷
规　　格　787毫米×1092毫米　1/16　印张15
字　　数　200千字
定　　价　39.80元　　　　ISBN 978-7-5171-2213-5

前　言

　　长期以来，人类总是紧紧盯住一个简单的目标——控制自己的情绪。因为在他们的心里，如果能够很好地控制自己的情绪，就会拥有一个快乐的心灵空间，他们就能很好地进行自我保护，幸福生活下去。

　　在每一个人的情境空间里，每一个身体和精神都是健康的个体，都有一种与生俱来的渴望，那就是让自己有一个好心情，可以开心地生活，只有这样，才能尽可能地使自己更久地生活下去。

　　当然，也许有些人并不想生活得太久，那只有一个解释，就是因为他处在某种身体或精神的反常情境中，或者他预料到自己将来会遭遇到困难的情境。

　　如果我们没有一个良好的情绪，即使个体的身体非常健康，那么莫名其妙的疑神疑鬼也会使你憔悴不堪。因为过于担心自己的身体健康，反而会影响你身体的健康。也就是说，人的情绪对健康有非常严重的影响。试想，如果受情绪影响，健康都没有了，那还有

什么生活快乐可言呢？

我们一定要相信，这绝对不是危言耸听，其实这样的例子在我们的生活工作中随处可见。只要我们能够控制我们的情绪，我们或许有一天就能够做到使身体免受疾病的伤害，延缓年老体衰的发生——甚至在百岁之后依然充满青春活力……

为了让大家可以更好地把控自己的情绪，获得更多的幸福、快乐和健康，我倾力编写了此书，希望大家可以从书中找到真正可以帮助自己解开心灵枷锁的金钥匙，进而走出情绪的"围城"，换自己一个清凌凌的完美世界。

人类希望自己可以不朽，或者说拥有一个永恒的生命，当然这是一个合理的目标，也是每个人与生俱来的权利。我们热切期待那一天的到来。

情商的世界

目 录

第一章　情商决定自我

第二章　情商影响你的心态

第三章　情商提升交际能力

情商的世界

第四章　情商提高你的心智

第五章　情商提高洞察力

目
录

第六章　情商提高影响力

第七章　情商改变思维方式

情商的世界

第八章　情商影响我们的快乐

目
录

第一章
情商决定自我

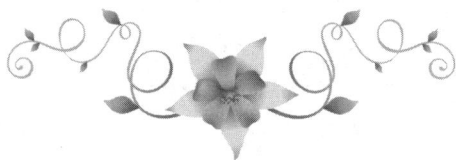

　　情商能够决定一个人的命运。人类智能研究的最新成果表明，最精确、最惊人的成就评量标准是情商，情商决定了一个人的能力大小，也决定着人的世界观、人生观和价值观，情商高的人在人生各个领域都能占尽优势，取得成功。

◎ 情商的作用

很多人也许还不知道，在我们生活中，一个人的情商在他的成功过程中所占的比重是不容忽视的，如果说智商是衡量或者说预测一个人的学业成绩，那么情商则能被用于预测一个人能否取得事业上的成功。我们有例为证：

20世纪70年代中期，美国的一家保险公司曾经雇佣了5000名推销员，并花费了人均高达3万美元的培训费对他们进行了职业培训，但是，令人没有想到的是，上班后第一天就有50%的人辞职，4年后，只有1/5的人留了下来。

为什么会出现这种情况呢？

众所周知，在推销保险的过程中，推销员要一次又一次地面对被拒之门外的窘境，许多人在遭受多次拒绝后，便失去了继续从事这项工作的耐心和勇气，所以只好退出。

那么什么样的人才能顶得住压力继续工作呢？是不是那些善于将每一次拒绝都当作挑战而不是挫折的人，就有可能成为成功的推销员呢？

于是，该公司向曾经提出"成功中乐观情绪的重要性"理论而闻名的宾夕法尼亚大学心理学教授马丁·塞里格曼讨教，希望他能为公司的招聘工作提供帮助。

塞里格曼教授认为，当乐观主义者失败时，他们会将失败归结于某些他们可以改变的事情，而不是某些固定的、他们无法克服的困难，因此，他们会努力去改变现状，争取成功。

在接受该保险公司的邀请之后，塞里格曼对1.5万名新员工进行了两次测试，一次是该公司常规的以智商测验为主的甄别测试，另一次是塞里格曼自己设计的，用于测试被测者乐观程度的测试。之后，塞里格曼对这些新员工进行了跟踪研究。

在这些新员工当中，有一组人没有通过甄别测试，但在乐观测试中，他们却取得了"超级乐观主义者"的成绩。正因为如此，所以他们的工作任务也完成得最好，他们的推销业绩第一年比"一般悲观主义者"高出21%，第二年比"一般悲观主义者"高出57%。从此，通过塞里格曼的"乐观测试"便成了该公司录用推销员的一道必不可少的程序。

实际上，塞里格曼的"乐观测试"就是情商测验的一个雏形，它在保险公司取得的成功，在一定程度上直接证明，人的成功与情绪有着一定的联系，在预测某类人能否在成功中起着重要作用，也为情感智商这一概念和理论的诞生提供了实践的有力支持。

1990年，美国耶鲁大学心理学家彼得·塞拉维和新罕布尔大学的约翰·梅耶在此基础上，首次提出了情感智商这一概念。情感智商（简称情商），指的是把握自己和他人的感觉和情绪，并对这些信息加以区分利用，来引导一个人的思维和行动能力。下面我们通过一个简单的例子来看看人的情商是如何体现的。

瑞恩刚刚疲累地做完了一天的工作，回到家里冲一个澡。热水冲在身上，使他感到非常舒服。正在怡然自得的时候，他突然想起了昨天和经理吵架的事情。一下子，满脑子都充满了不愉快的回忆。

但是，瑞恩正在痛痛快快地淋浴，不可能在此时此刻解决和经理发生的那个问题。那么，看看他此刻是怎么做的吧！

瑞恩拿出自己的"情绪吸尘器"，把有关和经理的种种统统排除掉。他知道，此刻根本解决不了跟经理争吵的事情，但是能够把澡洗得痛痛快快。你也可以这样做，一旦你在这样做的时候尝到甜头，头脑里浮现出的愉快景象会使你觉得舒畅得多。

假如不久你又想起了那些泄气的往事，赶紧再"除尘"，再去想象美好的事物。不论你有多少次觉得需要使用"情绪吸尘器"去打扫，你都不要犹豫，勇敢地去用吧。只要你一不自觉地想起了泄气的事情，就必须有意识地行动起来把那些念头赶跑，这样你才保持快乐的心情。

本·霍根是一名非常出色的高尔夫球手，他自称去球场练球是"训练肌肉记忆力"。当他上场时，总是重复练习同一动作，直到他的肌肉能"记住"动作的规律为止。我们的思考习惯也是如此。我们必须重复训练思维习惯，直到当我们遇到麻烦时，思维能力犹如我们所希望的那样作出反应为止。也就是说，我们的大脑必须被训练成积极思考的模式。

不管什么时候，只要脑子里出现泄气的想法和问题，就要采取措施，制止它"恶化"。只有你自己才能够控制你的头脑。要用"情绪

吸尘器"把它们赶走，这样即将到来的欢乐时光和成功胜利才有存在的空间！

从上述事例可以看出，我们通常所说的情绪，是感觉及其特有的思想、心理和生理状态、行动的倾向性。其表现可分为几个方面：生理变化、主观感觉、表情变化、行为冲动。

情绪的主要特征有：无所谓对错，常常是短暂的，会推动行为，易夸大其词，可以累积，也可以经疏导而加速消散。

在谈论欢乐的时候，鼓舞未来的计划，为自己以往的回忆和现在体验到的积极因素感到高兴。随着这些积极的话语，人便会产生出积极的行动和情绪。要知道，靠培育消极因素是不可能取得成功的。所以，不要再谈论和回味那些消极泄气的事情了，没有任何用处。记住：一旦出现了消极因素，就要清除干净。这样，你才能着手盘算如何愉快起来，才能有时间觉得痛快。

◎ 詹姆斯—兰格情绪理论

1884年和1885年，美国心理学家詹姆斯和丹麦生理学家兰格分别提出了观点相同的情绪理论，于是，后人将这种情绪理论称为詹姆斯—兰格情绪理论。

詹姆斯认为，情绪是对身体变化的知觉，即当外界刺激引起身体上的变化时，我们对这些变化的知觉便是情绪。照他的说法，人并不是因为愁了才哭、生气了才打、怕了才发抖，而是相反，人是因为哭了才愁、因为动手打了才生气、因为发抖了才害怕。兰格强调血液系统的变化和情绪发生的关系。在他看来，植物性神经系统的支配作用加强，血管扩张，便产生愉快的情绪；植物性神经系统活动减弱，血管收缩，器官痉挛，便产生恐怖的情绪。

詹姆斯和兰格都强调情绪与机体变化的关系，强调植物性神经系统在情绪发生中的作用，所以被称作情绪的外周理论。

那么，我们怎么来理解这种情绪的外周理论呢？我们可以从社会的角度来进行分析。

我们知道，社会进步与个人发展都需要努力拼搏的人，而不需要事事顺应潮流、听天由命的人。推动社会进步的往往是那些具有革新精神、敢于打破常规、改造环境的人。如果你要变消极适应环境为积极改变环境，就必须顺应社会习俗的各种压力，可以说这是生活的必

要条件。

然而，要自己思考问题，就要准备付出这种代价。人们可能会说你别出心裁，标新立异；"正常"人可能不赞许你，甚至会孤立你。其实，既然你否定了其他人所信奉的行为标准，他们自然会不以为然。你会听到人们经常提出这样一种论点："如果每个人都仅仅遵守自己愿意遵守的规定，那么我们的社会将会成为什么样子呢？"对这种说法，我想大家不会都这样做！但是，正是因为人们所受不同情绪的影响，结果都这样做了。这是因为受社会中大多数人都习惯于依赖外界、循规蹈矩的影响，因此他们不可能都这样做。

通过上面的分析我们可以看出，积极情绪状态可以促进社会的和谐，而消极情绪会阻碍社会的发展。即使是合理的法律与规则也不一定能适用各种场合、各种环境。我们要努力争取的，是灵活作出选择的自由，也就是说，要使我们自身不受精神束缚，不受情绪影响，不必总是严格按规矩办事，不必时时刻刻考虑社会环境的需要。否则，你就是一个毫无主见、随波逐流的人。

我们要掌握自己的生活，就需要有灵活性，就要在具体情况下，不断地确定各种规定对自己是否适用。的确，亦步亦趋、照章行事比较容易，然而要你认识到法律不是你的主人，是为你服务的，你就会逐步消除自己的"必须性"。

要抵制不合理的社会习俗，首先要心胸开阔，别人可能会违心地按规定办事，可你最好学会允许他们做出自己的选择。不应为别人的选择生气，只要保持自己的信念就行了。要想不为社会环境所左右，

情商的世界

就需要做出自己的决定，争取一声不响地付诸行动。大吵大闹、表示敌对情绪，不会起到积极作用。不合理的规定、传统和政策不会轻易消失，然而你却必须受其约束。为这种事情而大吵大闹往往会引起别人的反感和愤怒，给你自己造成更多的障碍。

在日常生活的许多问题上你都会发现，悄悄回避一种规定，要比公开对抗来得容易一些。你或可按照自己的意愿生活，或可根据别人的要求生活——选择权在你。

一般来说，各种导致社会变革的新思想是为人们所拒绝的甚至曾经是不符合法律的。进步总是与过时的传统发生冲突。爱迪生、福特、爱因斯坦以及莱特兄弟都曾受到过人们的嘲讽，但是他们最后全都成功了。

同样，当你抵制不合理的规定和措施的时候，也会遭到一些人的反对。但是，这些反对对你来说并不是什么问题，只要你坚持自己，展露自己的本色，最终，你的与众不同一定能够得到证明和嘉奖，你也会取得属于自己的胜利。

当然，在这种情况下，你的消极心态也可被控制和导引，积极心态可去除其中有害的部分，而使这些消极心态能为目标贡献力量。

但是有一点需要注意的是，在你释放消极情绪（以及积极情绪）之前，你务必让自己的理性为它们做一番检验，人如果缺乏理性的情绪，就如同面临一个可怕的敌人。但是，怎样使得情绪和理性之间能够达到平衡自律呢？

自律会把你的意志力作为理性和情绪的后盾，并强化二者的表现

强度。你的感情和理智都需要自律来主宰，如果没有了自律，你的理智和感情便会随心所欲地进行战争，战争的最大受害者，当然就是你自己。

情商的世界

◎ 身心与意识的融合

曾任美国精神治疗协会会长的卡特博士在谈到一个人所持的积极态度对健康的影响时说："肯定的态度是以科学的事实为基础的，这些事实来自生物学、化学、医学等领域。正确地运用肯定的态度将有助于改善你的健康，延长你的寿命，使你精力充沛，备感幸福，从而在各方面取得成功，并且还能替你保持一件最主要的东西——那就是心灵的平静。"

平静并不是一种懒散、没有生气的状态、而是一种内在平静的心灵状态。

你注意到了吗？

平静，我们只是简单地是看着这两个字，就足以让自己有一种放松的感觉。平静，单是听到这两个字，就能缓和你的情绪，感觉平静一点。平静，单是想着这两个字，就可以开始让你解放。平静，是蕴含巨大力量的字眼，就算不去解释它的意义，都可以马上对人们发挥明显的作用。你准备好了吗？

这就是文字的力量，那么平静本身是否具有力量呢？我们真的需要平静这个东西吗？它对我们有好处吗？它可以让我们的生命丰富吗？平静是一种状态，可能出现在比赛前的杰出运动员、激烈比赛中的武术选手，以及其他各行各业的人身上，包括演员、拳击手、音乐

家、外科医生、商业人士与心理学家，这些人在投入自己的专业领域时，会努力让自己达到这种平静状态。

所以说，在我们的日常生活中，一旦你知道如何随意达到平静，就可以帮助你在遭遇困难时重新找回幸福的感觉，也更能让你从容面对生活中的压力的挫折，还可以让你欣赏到生活中的美好。即使你处在一个充斥着经济问题，以及诸如人口爆炸、其他星体可能撞上地球、恐怖分子、臭氧层出现破洞等各种问题的世界中，你都能够坦然面对。我们只要保持平静的感觉，就可以拥有控制、维持秩序的能力，还可以让你从忙碌的生活中获得更多的满足感与成就感。

平静的最大好处往往被许多想尽办法消除压力的人忽略，那就是，达到平静的过程本身就是一种乐趣。只要你学会如何随时随地达到并维持内在平静，就可以得到这样看似完美的心灵状态。

我们生活在一个过度刺激的社会，抱着广告与消费者至上的观念，所以误以为生命中最大的价值在于刺激。那些广告、营销手法与媒体使我们相信，如果没有刺激，我们就会觉得人生不完整。

我们的生活，在"刺激"与"放松"这两种状态之间来回变换，而多数人都在寻找这两者的平衡之道。但是如今的多数人将生活重心集中在刺激的一面，人们竟希望通过寻求刺激来达到放松。

这听起来有些荒谬。他们之所以这样做，是因为现在有越来越多说法比较刺激的活动是一种放松形式展现出来的。这当然是不符合逻辑的说法，而且扭曲了事实！

要知道，刺激应该是放松的反面，它是用来让感官与神经系统兴

情商的世界

奋高亢的东西；相反的，放松却是用来让这些感官和神经系统平静的东西。我们在日常生活中追求的刺激程度已经有越来越高的趋势：一早起来你会打开收音机，在慢跑时听随身听，在电脑屏幕前工作，吃口味辛辣的午餐，搭车回家时看杂志，晚上收看电视节目，睡觉前听音乐。我们完全忘记了人类生活中的另一面——平静。

我们过着忙碌不歇的生活，难道也要将这种观念传授给自己的子女吗？现在，让我们给自己一段可以放慢脚步的时间，享受放松时的美好与快乐。让自己放松，你就会觉得很舒服。

你是否时常回顾过去轻松休闲、没有刺激的感觉？当时你是否会想：我真的很喜欢这种感觉。你是否时常单独在空旷的海滩或安静的公园里散步。是否曾经回想到这个星期内所做过最快乐、最有深度的活动？你是否曾经在派对上或电视节目进行到一半时离开而来到花园里的树下？

只要你开始回想这些事，就会发现，让自己平静的过程本身就是一种乐趣，它不是娱乐，也不是一种感官刺激，但是，它确实是一种乐趣。

当你快乐时，当然不会觉得有压力或是焦虑不安，如果你早就知道这件事，现在你的感觉不知有多么轻松。因此，你应该让自己保持这样的一个观念：达到平静本身就是一种乐趣。它不是一件繁琐的差事，也不是义务，更不是你必须时时谨记在心的格言或规则，它就是一种乐趣，一种单纯且无罪的乐趣。

的确如此，完全放松与安详的状态是一个人所能够拥有最有收

获、最能激励人心的经验。你应该开始了解——就算意识上还没有了解，潜意识应该也能够体会——达到平静是让你快乐的最简单、最有效的方法。

情商的世界

◎ 保持平衡的生活状态

实际上，一个人的"身心"和自然是合一的。你的身体和思想的健康是不可分的，任何影响到你健全思想的因素，同样会影响你的身体；反之亦然。同时，你的身心健康也会受到自然法则的规范，它对于你身心的规范，和对于树木、山脉、鸟和昆虫的规范是基本相同的。

因此，想要了解保持身心健康的方法，我们就必须先了解自然界的法则，必须和自然力和谐相处，而不是要和它对抗。因为我们都知道，人的心智是需要依附身体才可以存在，由于你的身体受到大脑的控制，所以，我们就必须具备积极的心态、健康的意识，必须在工作、娱乐、休息、饮食和研究方面多加注意，这样才能培养出良好而且平衡的健康习惯，拥有一个健康的身体。

事实上，个体的文明和发展程度越高，对生命的渴求就越强烈，任何与生俱来的渴望都绝对不可能是无法实现的。但是人一旦学会了在身体中建立起正确的原生质反应，他就会永远地活下去，正如托马斯·爱迪生所说，"我有很多理由相信，人类长生不老的那一天终究会到来。"

在成年人的体内，最重要的物质就是水，大约占七分之五左右，而组成身体的其他物质包括蛋白质、纤维等。这些物质包含了四种基本元素：氧、氮、氢和碳。

水是两种气体的化合物，空气是几种气体的混合。我们的身体就是由这些物质组成的。我们现在的肉身在三四个月之前没有一样东西是存在的——包括眼睑、嘴巴、手臂、头发和指甲。整个身体都在不断更新。

思想可以引导身体，也就是说，身体是思想的奴仆，无论是特意选择，还是自动表现的，都是如此。如果一个人有罪恶的思想，他的身体就会迅速地堕落至疾病与腐朽；如果一个人有愉快、美好的思想，他的身体也会受到青春与美丽的祝福。

如同环境一样，疾病与健康深深地植根于我们的思想之中。有缺陷的思想会通过有疾病的身体表现出来。

众所周知，要想杀死一个人，恐怖的想法甚至比一颗子弹的速度还快。事实上，这些想法也一直不停地消磨着成千上万人的生命。那些生活在对疾病的恐惧中的人，是心理上有疾病的人。焦虑会迅速地侵蚀身体，挫伤它的锐气，从而使身体无法抵御疾病的入侵。不纯洁的思想也具有很大的破坏性，即使它还没有变成实际行动，但是也会很快破坏人的神经系统。

坚强、纯洁和快乐的思想会使身体充满活力与魅力。身体是一种精致可塑的器具，它会非常迅速地对思想作出反应。已成习惯的思想会对身体产生一定影响，可能是好的，也可能是坏的。坚强、纯洁与快乐的思想，还会把活力与优雅注入身体。我们的身体是一架结构精巧、反应灵敏的仪器，对心里产生的欲望能够迅速作出反应，而这欲望将会影响到身体。好的思想产生好的影响，坏的思想自然会伤害身体。

健康的生活和强健的身体来自于纯净的心灵；龌龊的生活与身体则源于不洁的思想。只要心存在杂念，人们血管里就会流淌污秽的、有毒的血液。所以，思想是人们言行、外表乃至整个人生的源头。源头纯净，那么它所产生的一切也会是纯净的。

思想的纯洁可以使人养成洁净的习惯，而能够经常净化自己思想的人根本不会受疾病的侵害。就如同只有当自由的空气和灿烂的阳光充满在你的房间里时，你才拥有一个甜蜜、舒爽的家一样，只有心灵中充满欢乐、美好和宁静的思想，才会让你拥有强健的体魄和明朗、快乐的笑容。所以，如果你想让身体健康起来，就应该美化和纯净自己的思想。心中的怨恨、嫉妒、失望、沮丧，会使你的健康遭到损害，你的快乐将会消失。愁苦的面容并不是偶然出现的，而是思想焦躁忧虑导致的。满脸的皱纹都是因怨恨、暴怒与自大而生出的。

有的人脸上刻画出坚定的信念，有的人脸上则写满怒气……谁都能看出这些皱纹的差别。那些光明磊落的人，光阴宁静而平和地在他们身上流逝，岁月在自然而然中成熟老去，如同一轮西斜的落日。

在驱除身体病痛方面，愉悦的思想就好比是一个好医生，它也能够起到医生的作用。在赶走悲哀也伤心的阴影方面，良好的祝愿和真实的幸福能起到最好的安抚效果。长期处于邪恶、愤世嫉俗、怀疑与妒忌的思想环境里，就好比把自己禁锢在自己建立的牢笼里。

工作之后娱乐，思想活动之后从事体力劳动，严肃之后保持幽默。如果能持之以恒，就能保持良好的健康状况和快乐的心情。如果你能以积极的心态生活，就能得到健全的思想和健康的身体，有了健

康的体魄之后，我们才有机会享受到成功时刻的喜悦！

如果我们能够快乐地面对人生，保持一个积极乐观的心态，凡事都往好的方面想，耐心地去发现别人的优点，你就有可能打开通向幸福的大门。我们要记住：我们的健康是服从我们思想的指引的。只要心中怀着平和的思想看待一切事物，就会收获永恒的安宁。明白了这一道理，相信你就能够明白使自己时刻保持积极思想的重要性了。

所以，我们为了保持健康的意识，就应从良好的生理健康，而不应从病态或不健全的角度进行思考。无论你的思想集中在哪个方面，它都能使这方面的事情成真——包括经济上的成就和身体上的健康。总之，我们必须努力创造和保持平衡的生活状态，保证自己能以积极的态度培养及保持健全的意识，让内心远离消极思想和消极影响。

第二章
情商影响你的心态

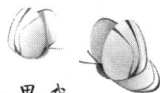

　　心态决定成败。心态受情绪的影响。如果我们被不好的情绪影响，我们就会变得郁郁寡欢、闷闷不乐、患得患失、悲观消极；如果我们被好的情绪左右，我们就能做一个乐观积极的人，时刻充满希望，做事主动，热情洋溢，尽情拥抱希望，能够永远探索，坚持奋斗，直到成功。

◎ 放下的快乐

什么样的人生才是快乐的呢?

昨天的辉煌不能代表今天,更不能代表明天,过去的成就只能让它过去,只能毫不痛惜地放弃。放下沉重的包袱,不为贪婪所诱惑,择精而担,量力而行。这样的人生,自然是轻松而快乐的。也许你现在也背着很沉重的包袱,学会放下包袱吧! 这样你才能走得更快!

生活有时候会逼迫你,不得不交出权力,不得不放弃机遇,甚至不得不抛下爱情。放弃,并不意味着失去,因为只有放弃才会有另一种获得。要知道,你不可能什么都得到,所以你应该学会放弃,接受放弃。有时候,放弃也是一种好心态。

天下没有免费的午餐,想要得到,就必然会有失去的东西。要想采一束清新的山花,就得放弃城市的舒适;要想做一名登山健儿,就得放弃娇嫩白净的肤色;要想穿越沙漠,就得放弃咖啡和可乐;要想有永远的掌声,就得放弃眼前的虚荣;梅、菊放弃安逸和舒适,才能得到笑傲霜雪的艳丽;大地放弃绚丽斑斓的黄昏,才会迎来旭日东升的曙光;春天放弃芳香四溢的花朵,才能走进累累硕果的金秋。船舶放弃安全的港湾,才能在深海中收获满船鱼虾。

放弃是一种智慧,放弃是一种豪气,放弃是真正的潇洒,放弃是更深层面的进取! 你之所以举步维艰,是你背负太重,你之所以背负

太重，是你还不会放弃，功名利禄常常微笑着置人于死地。你放弃了烦恼，便与快乐结缘；你放弃了利益，你便步入了超然的境地。如果你连"放弃"都放弃了，那你便更伟大了，你已与圣人无异。

今天的放弃，是为了明天的得到。干大事业者不会计较一时的得失，他们都知道放弃，如何放弃，放弃什么。

所以，我们要试着去学会放弃。放弃对权力的角逐；放弃对金钱的贪欲；放弃失恋带来的痛楚；放弃屈辱留下的仇恨；放弃心中所有难言的负荷；放弃费精力的争吵；放弃没完没了的解释；放弃对虚名的争夺，放弃人世间一切的纷扰……凡是次要的、枝节的、多余的，该放弃的，都要放弃。我们要活出一个轻松自在的自我。

放弃，是一种境界，是自然界发展的必经之路。

齐思楠和男朋友分手了，处在情绪低落中，他告诉她应该停止见面的一刻时，齐思楠就觉得自己整个被毁了。她吃不下睡不着，工作时注意力集中不起来。人一下消瘦了许多，有些人甚至认不出齐思楠来。一个月过后，齐思楠还是不能接受和男朋友分手这一事实。

一天，她坐在教堂前院子的椅子上，漫无边际地胡思乱想着。不知什么时候，身边来了一位老先生。他从衣袋里拿出一个小纸口袋开始喂鸽子。成群的鸽子围着他，啄食着他撒出来的面包屑，很快就飞来了上百只鸽子。他转身向齐思楠打招呼，并问她喜不喜欢鸽子。齐思楠耸耸肩说："不是特别喜欢。"

他微笑着告诉齐思楠："当我是个小男孩的时候，我们村里有一个饲养鸽子的男人。那个男人为自己拥有鸽子感到骄傲。但我实在

不懂，如果他真爱鸽子，为什么把它们关进笼子，使它们不能展翅飞翔，所以我问了他。他说：'如果不把鸽子关进笼子，它们可能会飞走，离开我。'但是我还是想不通，你怎么可能一边爱鸽子，一边却把它们关在笼子里，阻止它们要飞的愿望呢？"

齐思楠有一种强烈的感觉，老先生在试图通过讲故事，给她讲一个道理。虽然他并不知道齐思楠当时的状态，但他讲的故事和齐思楠的情况太接近了。齐思楠曾经强迫男朋友回到自己身边。她总认为只要他回到自己身边，就一切都会好起来的。但那也许不是爱，只是害怕寂寞罢了。

老先生转过身去继续喂鸽子。齐思楠默默地想了一会儿，然后伤心地对他说："有时候，我们很难去放弃自己心爱的人。"他点了点头默许后，说："如果你不能给你所爱的人自由，那么你就并不是真爱他。"

爱是不能勉强的——这是一个发人深省的道理。我们都知道强扭的瓜不甜，同样，强加的爱只会成为一种负累，肯定不会给人带来美的、幸福的享受。所以，我们应该给予自己所爱的人自由，不然，我们并不比那个饲养鸽子的人好多少。

人类天性需要一个空间。恋爱中的人们也需要自由，不然很快他们会感到被禁锢起来了。如果我们真爱一个人，我们必须尊重他们的希望和需要。当我们纠缠一个人时，我们会使他感到难以呼吸。通常我们这样做是出于嫉妒，缺乏自信或是害怕孤单，而不是爱。如果你爱一个人，应该给他自由。如果他还是回到你身边，那他就是属于你

的，如果他不，那么他将永远不属于你。

如果我们爱什么人，应该给他自由。让他们自由地决定任何事情，自由自在地按照他们自己的意愿去生活，而不是要把自己的愿望强加给他们。放走自己所爱的人通常不那么容易，但实际上你也没有其他路好走。即使你一时勉强地把他留下，最终自食恶果的还会是你。你将得到更深的痛苦、更多的悲伤。

同样道理，漫漫人生路，只有学会放弃，才能轻装前进，才能不断有所收获。一个人倘若将一生的所得都背负在身，那么纵使他有一副钢筋铁骨，也会被压倒在地。

什么时候学会放弃，什么时候便学会了成熟。其实，我想说，热恋中的人们应该学会放弃。因为，有时候，放弃也是一种爱。

◎ 要懂得取舍

曾经有这么一个故事：

在很久以前，一个想发财的人得到了一张藏宝图，上面标明了在密林深处的一连串宝藏。他立即准备好一切旅行用具，他还特别找出了四五个大袋子来装宝物。一切就绪后，他进入了那片密林。

他斩断了挡路的荆棘，趟过了小溪，冒险冲过了沼泽地，终于找到了第一个宝藏，满屋的金币熠熠生辉。他急忙掏出袋子，把所有的金币装进了口袋。离开这一宝藏时，他看到了门上的一行字："知足常乐，适可而止。"

他笑了笑，心想，有谁会丢下这闪光的金币呢？于是，他没有留下一枚金币，扛着大袋子来到了第二个宝藏。出现在他眼前的是成堆的金条。他见状，兴奋得不得了，依旧把所有的金条放进了袋子，当他拿起最后一条时，上面刻着："放弃了下一个屋子中的宝物，你会得到更宝贵的东西。"

他看到了这一行字后，更迫不及待地走进第三个宝藏，里面有一块磐石般大小的钻石。他发红的眼睛中泛着亮光，贪婪的双手抬起了这块钻石，放入了袋子中。他发现，这块钻石下面有一扇小门，心想，下面一定有更多的东西。于是，他毫不迟疑地打开门，跳了下去，谁知，等着他的不是金银财宝，而是一片流沙。他在流沙中不停

地挣扎着，可是越挣扎就陷得越深，最终与金币、金条和钻石一起长埋在流沙下。

如果这个人能在看了警示后选择离开，或者能在跳下去之前多想一想，那么他就会平安地返回，成为一个真正的富翁。

从某种意义上来讲，有时候，放弃，可以给自己一个生存的空间，给自己一个走向成功的道路……但是，如果不懂这个道理，只是一味地痴迷于眼前的利益，那么就会得不偿失。

是谁说的，喜欢就一定要拥有？

有时候，有些人为了得到他喜欢的东西，殚精竭虑，费尽心机，更甚者可能会不择手段，以至走向极端。也许他得到了他喜欢的东西，但是在他追逐的过程中，失去的东西也无法计算，他付出的代价是其得到的东西所无法弥补的。也许那代价是沉重的，直到最后才会被他发现。其实喜欢一样东西，不一定要得到它。

因为有时候为了强求一样东西而令自己的身心都疲惫不堪，是很不划算的。有些东西是"只可远观"，一旦你得到了它，日子一久你可能会发现其实它并不如原本想象中的那么好。如果你再发现你失去的和放弃的东西更珍贵的时候，你一定会懊恼不已。所以也常有这样的一句话"得不到的东西永远是最好的"。所以当你喜欢一样东西时，得到它并不是你最明智的选择。

得到是一个漫长而艰辛的过程，不想占有就不会太坎坷，所以，无论喜欢一样东西也好，喜欢一个位置也罢，与其让自己负累，不如轻松地面对，即使有一天放弃或者离开，你也不会因此失去太多，你

至少学会了平静。

著名歌手林忆莲有一首歌叫作《至少还有你》，其中有两句这样的歌词——"如果全世界我都可以放弃，至少还有你值得我去珍惜；也许全世界我也可以忘记，就是不愿意失去你的消息。"

你，还有你的消息，可以说是执着，连全世界都比不上，而全世界是抉择中被归类于可以放手的事物。我们无意探究选择是否正确，毕竟每个人都有不同的考虑。但是，在作出抉择的时候，人们最容易出现的问题和苦恼就是舍不得。成功的人懂得何时坚持、何时放弃，失败的人却刚好相反。有时不切实际地一味执着，是一种愚昧与无知的表现，而放弃则是一种智慧。

有一天，某地下了一场非常大的雨，洪水开始淹没全村。一位神父在教堂里祈祷，眼看洪水已经淹到了他跪着的膝盖了。

这时，一个救生员驾着舢板来到教堂，跟神父说："神父，赶快上来！不然洪水会把你淹死的！"

神父说："不！我要守着我的教堂，我深信上帝会救我的。我与上帝同在！"

过了不久，洪水已经淹过祖父的胸口了，神父只好勉强站在祭坛上。

这时，又一个警察开着快艇过来，跟神父说："神父，快上来！不然你真的会被洪水淹死的！"

神父说："不！我要守着我的教堂，我相信上帝一定会来救我的。你还是先去救别人吧！"

又过了一会儿，洪水已经把整个教堂都淹没了，神父只好紧紧抓住教堂顶端的十字架。

这时，一架直升机缓缓飞过来，丢下绳梯之后，飞行员大叫："神父，快上来！这是最后的机会了，我们真的不想看到洪水把你淹死！"

神父还是意志坚定地说："不！我要守着我教堂！上帝会来救我的！你赶快先去救别人，上帝与我同在！"

神父刚说完，洪水滚滚而来，最终，固执的神父被淹死了。

其实，这个神父不知道，那三个要救他的人也许就是上帝派来的……

无论在什么时候，无论我们是什么身份和地位，我们都要懂得舍弃，学会变通，坚持固然可贵，但是无谓的坚持是没有意义的，也是没有价值的。在追求自己的执着时，往往要作出牺牲，而那样的牺牲就叫作放手。

情商的世界

◎ 学会快乐和潇洒

同一个问题，从不同的角度去看，就会有不同的看法。用消极的心态看问题，你就会加大问题的严重性，以积极的心态看问题，你心头的阴霾就会很快散去。

手指头扎了一根刺，乐观的人会高兴地喊一声："幸亏不是扎在眼睛里！"

悲观的人会哭着说："天啊，又要痛苦一段时间了。"

快乐潇洒是生活应有的原则，但是游戏人生，不是智者所为，当然不可取。潇洒给生活带来快乐，快乐地过生活也是一种潇洒。但是游戏人生让生活变得沉沦，让人失去斗志，那不是潇洒，那叫堕落。

人生本是一种快乐，雅人有雅兴，俗人有俗趣，无论在朝为官或在野为民，都自有其乐。锦衣玉食也好，粗茶淡饭也罢，求暖求饱而已，当然也求美。

人的一生总是充满一波三折、七灾八难，琐事、烦事、难事，甩不开、扔不掉。即使是时时小心、处处设防，说不定什么时候还会遇上倒霉事，让人怎么活得了？但是总得活着吧，无论是劲头十足还是徒有其名，总是往前奔，不然就对不起父母创造的血肉之躯了。于是，每个人都应想法儿去活，想法儿活得滋润、潇洒，像个人样。

快乐是一种独到的体验，只要乐趣真实常在，无论雅俗，都会活

得有滋有味，也用不了太多的心思，你就会发现活着本来就不错。

比如，你有大本事或小本事，朋友多，路子广，会有种种发迹的机会；你拥有爱情，拥有家庭，拥有多彩的故事，你总有一些盼望，会发现一些趣事，甚至某个消息、某个话题、某种现象都能让你兴奋。这兴奋可能太俗，让人瞧不上眼，或根本就不值。但只要是真实快乐的体验，也就够了。即使是真正遇上不称心的事，也别抱着死理，跟自己过不去，这样你便能从容应付，潇洒地走出困境。即使一时解不开也用不着发愁，日子还长着呢。

活得潇洒才有快乐，潇洒是一种美好的生活态度，但并非人人都能做到潇洒自如，有的人过于拘谨不会潇洒，有的人做过了头，不懂潇洒。

拘谨，是一种僵化的思维模式带来的生活态度，我们常说的"死心眼""一条道儿跑到黑"，就是拘谨的典型表现形式。

在古代，有一对青年男女相约在桥下某石柱旁会面。然而，二人还未见面的时候，大水到了，为了不失约，男子抱柱而亡。这个悲剧化的男子过去一直被当作忠贞、守信的象征，可是，用现代的眼光看这个问题，我们会觉得，那位姑娘如果爱上这样一个木头人，是一点都不值得的。

还有一个很著名的例子：

柳宗元《三戒》中所写的永州某人。他生于子年，生肖为鼠，于是畏鼠护鼠，闹到室无完器、柜无完衣的地步。真正潇洒的生活完全不是这样，他们会换一个角度考虑问题，不被现状所拘束，以一种自

强不息和勇于创新的精神重新开拓新的生活领域，以一种惊人的潇洒的形象展示在世人面前。

有人把潇洒理解为穿着新潮，谈吐倜傥，举止干练飘逸。其实这仅是浅层次的认识。真正的潇洒，应该是指那种不以物喜、不以己悲，顺境不放纵，逆境不颓唐的超然豁达的精神境界。

古今名人中，能真洒脱者，大有人在，唐朝诗人刘禹锡，因革新遭贬，他不被压力所阻，仍以顽强的精神与政敌相抗争，写出"玄都观里桃千树，尽是刘郎去后栽"，"种桃道士归何处？前度刘郎今又来"的乐观诗句，他以潇洒的态度，超过"巴山蜀水凄凉地"，坚守"二十三年弃置身"的人格，终于迎来了仕途上新的春天。

韩非子讲过这样一个故事：一个人丢了一把斧子，他认准了是邻居家的小子偷的，于是，出来进去，怎么看都像那小子偷了斧子。在这个时候，他的心思都凝结在斧子上了，斧子就是他的世界，他的宇宙。后来，斧子找到了，他心头的迷雾才豁然开朗，怎么看都不像是那个小子偷的。仔细观察我们的日常生活，我们都有一把"丢失的斧子"，这"斧子"就是我们热衷而现在还没有得到了的东西。

譬如说，你爱上了一个人，而她却不爱你，你的世界就微缩在对她的感情上了，她的一举手，一投足，衣裙细碎的声响，都足以吸引你的注意力，都能成为你快乐和痛苦的源泉。有时候，你明明知道那不是你的，却想去强求，或可能出于盲目自信，或过于相信精诚所至、金石为开，结果不断的努力，却遭来不断的挫折，弄得自己苦不堪言。世界上有很多事，不是我们努力就能实现的，有的靠缘分，有

的靠机遇，有的我们能以看山看水的心情来欣赏，不是自己的不强求，无法得到的就放弃。

人的情感就是这样，总是希望有所得，以为拥有的东西越多，自己就会越快乐。所以，这人之常情就迫使我们沿着追寻获得的路走下去。可是，有一天，我们忽然惊觉：我们的忧郁、无聊、困惑、无奈、一切不快乐，都和我们的图谋有关，我们之所以不快乐，是我们渴望拥有的东西太多了，或者太执着了，不知不觉，我们已经执迷在某个事物上了。

懂得放弃才有快乐，背着包袱走路总是很辛苦。中国历史上，"魏晋风度"常受到称颂，他们于佛、老子、孔子，哪一家也说不上，但是哪一家都有一点，在人世的生活里，又有一分出世的心情，说到底，是一种不把心思凝结在"斧子"上的心态。

天底下没有绝对的好事和绝对的坏事，有的只是你如何选择面对事情的态度。如果你凡事皆抱着负面的心态来看待，那么就算让你中了一千万的彩金，也是坏事一桩。因为你害怕中了彩金之后，有人会觊觎你的钱财，进而对你采取不利的行动。

中岛熏曾说："认为自己'做不到'，只是一种错觉，我们开始做某件事情前，往往先考虑做不做得到，接着就开始怀疑自己做得到。"

名人有名人的潇洒，伟人有伟人的快乐。伟人的乐乃乐之大家，有如范仲淹所云："先天下之忧而忧，后天下之乐而乐。"对于我辈平常的小人物，面对复杂多变的人生，自然也要有大境界才能包容得下，另外，更需要有平常的心境，快乐才能常驻。

坎伯曾经写道："我们无法矫治这个苦难的世界，但我们能选择快乐地活着。"生活需要快乐，我们也需要快乐，让我们都快乐地活着吧。

第二章 情商影响你的心态

◎ 不与他人争论

"永远避免正面的冲突。"说这句话的人现在已过世了，但他所给我们的教训却一直会留在我们的记忆中，而且这一教训极其重要，这一点，我是深有体会的。

一直以来，我都是一个执拗的辩论者。在我少年的时候，我曾同我的兄弟辩论天下的一切事情。当到大学的时候，我研究逻辑及辩论术，并加入辩论比赛。我羞于承认，我有一次曾计划写一本关于辩论的书，从那以后，我曾静听、批评，参与数千次的辩论，并注意它们的影响。从这些结果中，我得出了一个结论：天下只有一种方法能得到辩论的最大利益——那就是避免辩论。

你不能过分显示你自己，虽然明明是你的小事，也要放弃。与其为争路权而被狗咬，不如给狗让路。即使将狗杀死，也不能治好伤口。

为什么要证明一个是错的？那能使他喜欢你吗？为什么不让他保住面子？他并没有征求你的意见，他也不要你的意见。那你为什么同他争辩？要永远避免正面的冲突。

你不能辩论得胜。你不能，因为如果你辩论失败，那你当然失败了；如果你得胜了，你还是失败的。为什么？假定你胜过对方，要将他的理由击得漏洞百出，并证明他是神经错乱的，那又怎样？你觉得

情商的世界

很好，但他怎样？你使他觉得脆弱无援，你伤了他的自尊，他要反对你的胜利。

有一位所得税顾问巴森士与一位政府税收稽查员因为一项9美元的账单发生的问题争辩了一个小时之久。巴森士先生声称这9美元确实是一笔死账，永远收不回来，当然不应纳税。"死账，胡说！"稽查员反对说："那也必须纳税。"

"这位稽查员冷淡、傲慢、固执，"巴森士先生在讲述事情的经过时说，"理由对他是毫无用处的，事实也没有用——我们辩论得越久，他越固执。所以我决定避免辩论，改变题目，给他赞赏。"

"我说：我想这事与你必须作出的决定相比，应该算是一件很小的事情。我也曾经研究过税收的问题，但我只是从书本中得到知识，而你是从经验中获得知识，我有时愿意从事像你这样的工作，这种工作可以教我很多。我每句话都是出于真意。"

于是，那位稽查员在椅子上挺起身来，向后一倚，讲了许多关于他工作的话，告诉我发现巧妙舞弊的方法。他的声调渐渐地变得友善，片刻后他又讲起他的孩子来。当他走的时候，他告诉我要再考虑我的问题，在几天之内，给我答复。3天之后，他到我的办公室告诉我，他已经决定按照所填报的税目办理。

这位稽查员表现的正是一种最普通的人性特点，他需要一种尊重感。巴森士先生越是与他争辩，他越想扩大自己的权力，得到他的尊重感。但一旦承认他的重要，辩论便立即停止，因为他的自尊心得到了满足，他立即变成了一个同情和友善的人。

波恩帮助人寿保险公司为他们推销员定了一个规则："不要辩论！"真正的推销术，不是辩论，也不要类似于辩论。人类的思想不是通过辩论就可以改变的。

多年前，有一位名叫亚哈亚的爱尔兰人，他受过的教育很少，但是很喜欢争执！他当过汽车销售员，但是他没有一次能成功地卖出一辆载重汽车。对他稍加询问，就可以看出他始终同他正在做交易的人争执并触犯他们。

如果一位未来的买主对他出售的汽车说出任何贬抑的话，他就会恼怒地截住那人的话头。当然，他确实胜过不少辩论。后来他对我说："我常走出一个人的办公室说：'我又教给那家伙一些东西了。'我真的告诉他一些事，但我并没有因此而卖给他一点东西。"

亚哈亚需要学习的不是如何讲话，而是保持拘谨，不要讲话，并避免口头冲突。当他明白这一点后，亚哈亚先生如今是纽约汽车公司的一位推销明星了。

充满智慧的老富兰克林常说："如果你辩论、争强、反对，你或许有时获得胜利；但这种胜利是空洞的，因为你永远得不到对方的好感了。"所以你自己打算一下，你宁愿要什么：一种暂时的、口头的、表演式的胜利，还是一个人的长期好感？你很少能二者兼得。

在你进行辩论的时候，你也许是对的甚至绝对是对的。但在改变对方的思想上来说，你可能毫无建树，一如你错了一样。

我们绝不可能对任何人——无论其智力的高低，仅用口头的争执来改变他的思想。

拿破仑家中的管家常与约瑟芬打台球。这位管家在他所著的《拿破仑私生活的回忆》第一卷第71页中说："我虽有相当的技巧，但我始终要设法使她胜过我，这样她会非常喜欢我。"我们要从这一故事里学到一个有用的教训。我们要使我们的顾客、情人、丈夫、妻子在偶然发生的细小讨论上胜过我们。

　　林肯有一次责罚一个青年军官，因为他与同僚激烈争执。"凡决意成功的人，"林肯说，"不能费时于个人的成见，更不能费劲去承受结果，包括他无法控制自己的脾气，丧失自制。"如果不能自制，与其让心灵被狠狠地切去一大块，就让它能够像蜥蜴的尾巴一样，虽然说断掉了，但是还能够不断地再长出来。

　　释迦牟尼说："恨不止恨，爱能止恨。"而误会永远不能用辩论停止，而需要用手段、外交和解来看对方观点以使对方产生同情的欲望。

　　如果说，要选择放弃必须经过挣扎的煎熬，就让我们在煎熬之后能够将自己再次锻炼得更贴近自己与生俱来的本质。仔细的思量加上灵魂深处的勇气，将成就我们面对每一次的抉择。只要有了每一次执着或放手时的那种无畏，即使有悔恨和不舍横阻面前，我们都能够洞察来自心底的声响，迈步向前。

　　在人的生命旅途中，有很多事是要抉择的。既然痛下决心了，就不再想什么后悔不后悔的问题了，舍得这两个字是分不开的，有舍才有得，决定了就别反悔，生命的火车是不等人的。千万不要因为等待，而失去一些你已经拥有的东西。

◎ 不要在意他人的批评

如果你被批评，请记住，那是因为批评你会给他们一种满足感。这也说明你是有成就的，而且引人注意。

有一位美国人，被人骂作"伪君子""骗子""比谋杀犯好不了多少"，你猜他是谁？一幅刊登在报纸上的漫画把他画成在断头台上，一把大刀正要切下他的脑袋，街上的人潮拥挤，都在嘘他。

他是谁？

他就是乔治·华盛顿。

在人的一生中，我们的大部分时间都在从周围的环境中收集信息，我们能够亲眼见到、亲自体验到的事物太少了。然而，我们应该庆幸，因为我还有耳朵这扇大门，真理和谎言都从这里经过，不过谎言正大光明出入前门，而真理往往从后门溜进来。

很多时候，我们亲眼看到的东西比听到的东西更容易让我们相信，而却很少有完全纯粹的真理，就如小贩卖的东西。在现实生活中，真理往往都被掺了假，尤其是那些远道而来的真理，它们对我们而言是无比陌生的。而且，在真理到来的这个过程中，总会被传播者的各种情绪所污染。情绪总是带着价值判断，所以就会影响一切它所接触的事物。

人的情绪对我们有很大的影响，所以当人们表扬我们的时候，我

们要保持警惕，当人们批评我们的时候，我们更要加倍注意。我们要认真观察，去发现这些人对我们有什么企图，要洞察他们的目的。只要你注意，就会识破虚伪和欺骗，看到真诚和善良。

要知道，一个性格严谨的人，一定具有一种保持自我控制的能力。这种能力显示出了真正的人格与心力，因为有大胸襟的人，不会轻易受情绪所制约。激情是心灵生出的古怪念头，稍稍过量便会使我们的判断处于病态。如果此病传染至口边，难免会殃及你的声名。

所以，为了让自己可以活得更好，更出色，你就要完全彻底地把握好你自己，不论处于大顺之时，还是处于大逆之际，都要努力做到，不会有人批评你，不会说你情绪不稳定。让大家都钦佩你卓越非凡的自控能力。

在人际交往中，有一点是很重要的处世艺术，我们必须学会它，因为它可以使我们的人际关系更加和谐牢固，那就是含蓄地批评别人。

我们是否能够巧妙地批评别人，是检测一个人是否具有能够了解他人内心的智慧的有效手段。有些讥讽是怀有恶意的沙子，其中隐含着嫉妒和愤怒的毒药。这样的讽刺就如同一道突如其来的闪电，能把你的好名声击得粉碎。有些人就是因为别人的这样一句看似轻描淡写的话而名声扫地。只有那些不在乎权利的人，才可以根本不在乎别人的风言风语和恶意的评论。

当然，有些批评非常含蓄，却是真诚的，没有恶意和敌视，这样的批评与以上的讥讽不同，它恰恰可以增进你的名誉。但是，当充满恶意的讥讽向我们袭来的时候，我们要学会识别，更要熟练地举起盾

牌，将它们远远地荡开。而且，必要时，我们可以给予对方有力的还击。只有做到如此，我们才能做到有备无患而高枕无忧。

著名的专栏作家哈里斯和朋友在报摊上买报纸，那朋友礼貌地对报贩说了声谢谢，但报贩却冷口冷脸，一言没发。

买完报纸，他们继续前行时，哈里斯问道："这家伙态度很差，是不是？"

"他每天晚上都是这样的。"朋友说。

"那你为什么还是对他那么客气？"哈里斯问他。

朋友说："为什么我要让他决定我的行为？"

是啊，我们不能被别人的批评左右我们心情和行动，当别人掌控我们的情绪时，我们便觉得自己是受害者，对现实无能为力，抱怨与愤怒成为我们唯一的选择。一个成熟的人应该握住自己行为与情绪的钥匙，他不期待别人使他快乐，反而能将快乐与幸福带给别人。他的情绪稳定，为自己负责，和他在一起是种享受，而不是压力。

有一个能原谅和忘记误解和错误对自己的影响的有效方法，就是让自己去做一些绝对超出我们能力以外的大事，这样我们所碰到的侮辱和敌意就无关紧要了。因为这样我们就不会有精力去计较思想之外的事了。

在美国历史上，恐怕再没有谁受到的责难、怨恨、陷害比林肯多了。但是在林肯的传记中却有这样的记载：

"林肯从来不以他自己的好恶来批评别人。如果有什么任务待做，他也会想到他的敌人可以做得像别人一样好。如果一个以前曾经

羞辱过他的人，或者是对他个人不敬的人，恰是某个位置的最佳人选，林肯还是会让他去担任那个职务，就像他会派任他的朋友去做这件事一样……而且，他也从来没有因为某人是他的敌人，或者因为他不喜欢某个人，而解除那个人的职务。"

很多被林肯委任而居于高位的人，以前都曾批评或是羞辱过他——比如麦克里兰、史丹顿和蔡斯。但林肯相信"没有人会因为他做了什么而被歌颂，或者因为他做了什么或没有做什么而被贬低。"因为所有的人都受条件、情况、环境、教育、生活习惯和遗传的影响，使他们成为现在这个样子，将来也永远是这个样子。

对于一把锋利的刀来说，只有愚蠢的人才去抓刀刃。这样的规则也适合于你与他人的竞争。聪明的人善于从对手身上得到很多东西，而愚蠢的人从朋友身上学到的屈指可数。许多人正是因为他们的对手而变得伟大。刻意而无节制地奉承一个人，比憎恨一个人更加恶毒，因为对一个人的憎恨，能够促使他改正自己的缺点，而对一个人的阿谀奉承，却能让这个人长久地蒙在鼓里，看不见自己的不足和缺陷，自然也没有改正和提高的可能。

睿智的人会把对手的目光当作一面警醒自己的镜子，以此照出自己的不足，来提高自己的能力和水平。如果一个人进入了对手控制的领域，他就会变得非常小心谨慎。而谨慎，我认为是最重要的个人性格。

所以，不要让批评之箭中伤你，不要让别人的批评左右你的情绪和行为，作自己的主人，掌控你的一切，给你身边的人带来快乐和享受。

◎ 不给予别人负担

在现实生活中，有人喜欢给一个简单的问题，设想出千奇百怪的答案，有时候似乎已经越来越脱离真实，失去了现实意义。虽然很多时候不是出自于他们的本意，而是受到外界的影响所造成的，但这样的现象也是不容乐观的。

有一家汽车展示中心的业务经理发现公司的业务员工作无精打采，态度散漫，以至于销售业绩也受到了一定的影响。他觉得，这一点确实有待加强，于是他召开了一次业务会议，鼓励下属说出他们对公司的期望。

对于如何提高大家的工作态度的问题，他首先听取了大家的意见，并让大家说出自己的期望，然后，将把大家的意见和期望写在黑板上并说道："我会尽量满足大家的愿望。现在，你们知道我对大家的期望是什么了吗？"紧接着他提出自己的要求：忠诚、进取、乐观、团队精神、每天8小时热心地工作等。会议结束的时候，大家都觉得精神百倍，干劲十足，有个业务员甚至自愿每天工作14小时……后来，事实证明，这次会议取得了很好的效果，公司的业绩比之前有了非常明显的提高。

实际上，这位经理与他的员工做了一次道德交易，只要他实践他的诺言，员工们自然会实践他们的诺言。他征询员工们的愿望和期

待，这一做法正好满足了他们的需要。

很多时候，我们都会觉得推销就是一种变相的强迫。没有人喜欢接受推销，或被别人强迫去做一件事，证明的就是这个道理。在生活中，我们都喜欢按照自己的意图购买东西，或照自己的意思行动，我们喜欢别人征询我们的愿望、需求和意见。所以，我们在处理问题的时候，就要学会站在对方的立场思考，只有满足了对方的需求，我们才能说出我们的需求，这样才能达到两相情愿，达成交易。

约翰逊医师在纽约布鲁克林区的一家大医院工作，医院需要新添一套X光设备，许多厂商听到这一消息，纷纷前来介绍自己的产品，负责X光部门的约翰逊医师因而不胜其扰。

但是，有一家制造厂商则采用了一种很高明的技巧。他们写来一封信，内容如下：我们工厂最近完成一套X光设备，前不久才运到公司来。由于这套设备并非尽善尽美，为了希望能进一步改良，我们非常诚恳地请您前来指教。为了不耽误您宝贵的时间，请您随时与我们联络，我们会马上开车去接您。

"接到信真的使我感到惊讶。"约翰逊医师说道，"以前从没有厂商询问他人的意见，所以这封信让我感到了自己的重要性。那一星期，我每晚都忙得很，但还是取消了一个约会，腾出时间去看了看那套设备，最后我发现，我越研究越喜欢那套机器了。"

"没有人向我兜售，而是我向自己的医院建议买下那整套设备的。"

发生在韦森先生身上的故事也正好说明了这一点。

韦森先生专门从事将新设计的草图卖给服装设计师和生产商的业务。3年来，他每星期，或每隔一星期，都前去拜访纽约最著名的一位服装设计师。"他从没有拒绝见我，但也从没有买过我所设计的东西。"韦森说道，"他每次都仔细地看过我带去的草图，然后说：'对不起，韦森先生，我们今天又做不成生意啦！'"

经过150次的失败，韦森体会到自己一定过于墨守成规，所以决心研究一下人际关系的法则，以帮助自己获得一些新的观念，找到的新的力量。

后来，他采用了一种新的处理方式。他把几张没有完成的草图夹在腋下，然后跑去见设计师。"我想请您帮点小忙。"韦森说道，"这里有几张尚未完成的草图，可否请您帮忙完成，以更符合你们的需求？"

设计师一言不发地看了一下草图，然后说："把这些草图留在这里，过几天再来找我。"

3天以后，韦森回去找设计师，听了他的意见，然后把草图带回工作室，按照设计师的意义认真完成。结果呢？韦森说道："我一直希望他买我提供的东西，这是不对的，后来我要他提供意见，他就成了设计人。我并没有把东西推销给他，是他自己买了。"

老子曾说过一些很有道理的话，以至于从我们以现代人的视角来看，依然觉得非常受用。

用白话文来说，它们的意思就是：江海之所以能成为百谷之王，是因为懂得身处低下，方能成为百谷之王；圣人若想领导人民，必须

跟随其后。因此，圣人虽在上，而人民不觉其压力；虽在前，而人民不觉得有什么伤害。

所以，要使人信服，那就让别人觉得那是他们的主意。任何一种成功，都不是偶然的，除了努力，还要有时间去累积，去完成。而在人的天性上，又往往对自己拥有的，视而不见，却努力去追求得不到的，总以为，得不到的，才是最好的，够不着的才是最亮的。于是，许多人雄心万丈，不惜离乡背井，也要去追寻那遥挂在天际的梦。

最后，经历了千辛万苦，蓦然回首我们却发现，也许是水到渠成，也许是时间把成果酝酿成熟；也许我们所追求的，从根本上来说，就是原本拥有而未加珍惜的。但这一番追寻并不是徒劳的，至少在追寻的过程中，我们学会了珍惜，而如果没有经历这个过程的话，也许我们永远也不懂什么叫作珍惜。

所以，我们要珍惜已经拥有的，不要给自己强加一些不必要的压力，也不要让别人觉得我们是他们的沉重负担。

第三章
情商提升交际能力

人是群居动物，不能离群索居，所以就必须掌握一定的交际能力。在社会上，一个交际能力强的人，能够拥有良好的人际关系，无论做什么事情，不至于处处碰壁，反而能做到游刃有余，恰到好处。

◎ 试着给他人"戴高帽"

著名的小品演员赵本山、范伟和高秀敏，曾经演过一个名叫《拜年》的小品，在该小品中，高秀敏有一句比较经典的台词："我们就给他'戴高帽'，我们一给他'戴高帽'，他准乐，'戴高乐'嘛。"这虽然只是一个小品，但是却告诉我们人际关系交往中的一个重要的交往技巧，那就是给人"戴高帽"。

在人际关系中，有一个基本定理，就是情绪的相互感染，这是影响力的一个重要体现。人们在交往中，彼此传输和捕捉相互的情绪信息，并汇聚成心灵世界的潜流，通过这股潜流的涌动来感染影响对方的情绪。一个人，对这种情绪控制的能力越高，在社交中的影响力就会越大。据心理学家调查分析，当一个人因失意、受挫、暴怒、悲伤而情绪低落的时候，迫切需要有人对其劝导和安慰，包括恰到好处地"戴高帽"，以调节心理、增强信心、走出低谷、恢复常态，等等。

那么，到底什么是"戴高帽"？

所谓"戴高帽"，就是把一个人的优点、专长、名誉、地位等美好的一面，用恰当的话语表达出来，并让对方乐于接受，从而起到鼓励、鞭策、警醒、劝告等作用。

但是，"戴高帽"不是阿谀奉承，也不是讨好卖乖之类的庸俗言行，它必须针对对方的实际情况，把好话说圆，给人以真诚感，令对

方心悦诚服。因此，它是人际交往中一种常用的说服技巧，如果运用得当，在人际交往中，会得到意想不到的效果。

某些人特别容易受到情绪的感染，也就极易动容。一般的爱憎分明没有这么直接，而是隐藏在人际接触的默默交流中。在每次接触中彼此的情绪争相交流感染，仿佛一股不绝如缕的心灵暗流，当然并不是每次交流都很愉快。这种交流往往细微到几乎无法察觉，譬如说，同样一句"谢谢"，可能给你愤怒、被忽略、真正受欢迎、真诚感谢等不同的感受。情感的感染是如此无所不在，简直让人叹为观止。

一般来说，在与人交往的过程中，人们比较喜欢给人"戴高帽"，因为它没有大家想象中那么难，而且它的形式多样，运用起来也比较灵活自如。具体来说，主要有以下几种形式：

第一种：抚慰式高帽。

当某人因各种原因而伤心怄气、心情沮丧时，一般人劝解无效，这时，就需要特定的人用特定的方法与之沟通。这里所说的特定的人，不一定是当事者的亲朋好友，而是在他内心深处最信赖的人。特定的人要用特定的方法，其中之一就是采用抚慰式高帽，即尽量使用肯定的、赞许的口吻，选取对方最值得欣慰和自豪的人和事，大加赞赏，让对方在充满成就感、满足感的心态下得到极大的抚慰，从而化解怨愤，走出低俗。比如下面这个例子：

田福堂是双水村党支部书记。他为了改变家乡贫穷落后的面貌，带领村民拦河筑坝。这项工程需要部分村民动迁，所有搬迁户都按期搬了家，唯有80多岁的金老太太躺在坑上死活不搬，儿子、媳妇怎么

劝，也说不动这位老祖宗。

按说这金老太太是田福堂的干妈，应该支持干儿子的工作，但是在这件事情上，老太太就是犯起了倔。田福堂了解了情况以后，立即派了一个副书记去金老太太家里做工作，但愣是被金老太太用拐杖赶了出来。田书记见状，只好亲自出马去劝说自己的干妈金老太太。

在金家，田福堂跪在炕上给老妈妈讲了这样一段话：

您老人家知道、村里打这坝，是为全村人民谋福利。记得咱干爹在世的时候，他常教育我们这些后人，要为众乡亲谋福利。干爹一生一世，为乡邻谋了多少福啊！村里上了年纪的人，如今提起咱干爹，哪个不说他的好话？记得小时候，我们穷人家娃娃上不起学，咱干爹一分钱不收，义务办学，现在想起来都感动得流热泪呢……现在我们炸山打坝，正是像咱干爹教育我们的，为众乡亲谋福哩！您老人家在气头上，动了悲伤，后人们完全谅解。我知道哩，您老人家知书达理，双水村第一个开通老人！一旦您老人家消了气，就会顾全大局。为全村乡亲着想……

这时，田福堂找准了令金老太欣慰和自豪的话题——她的丈夫金大伯，给他戴上高帽：一生一世，造福乡邻，有口皆碑。金老太在人们对金大全的崇敬声中得到极大的安慰。进而给金老太也戴上高帽：知书达理，第一开通，顾全大局。老太太的心灵得到进一步的抚慰，田福堂的劝说也就水到渠成了。

第二种：对比式高帽。

人们在生气动怒、情绪失控时，容易做出一些害人害己的事情，

甚至酿成严重后果。为了避免此类事情的发生，我们需要对动怒者给予及时的劝导，以阻止其错误行为的恶性发展。但是，大家都知道，劝架不是一件容易的事，劝得好，也许会使矛盾双方化干戈为玉帛；但是，如果劝不好，就会起到火上浇油、激化矛盾的作用，甚至引火烧身，自讨苦吃。

要想把架劝到好处，我们不妨运用一种十分有效的劝解方式——对比式高帽，即把被劝说者的优点、优势、权益等突出地罗列出来，然后指出：若悬崖勒马，将拥有这一切；若执迷不悟，将失去这一切。两种结果，鲜明对比，让被劝说者醒悟同对方这样争斗下去，不可取、不划算，甚至根本不值得，从而主动撤退，化干戈为玉帛。

小王因建蓄水池与同村的老张争吵起来。老张认为，小王把蓄水池挖在离张家祖坟那样近的地方，就是毁坏张家祖坟，侮辱了张家祖宗，破坏张家的坟山风水，前去阻止他挖池。小王认为，他在自家的责任地里挖土建池、发展生产，关他人啥事，非挖不可！两人先动口后动手，小王年轻力壮，年过半百的老张见不是他的对手，跑回家拿起铁锹要去同小王拼命。正要出门，被赶来的刘老师拦住，夺下铁锹，说出一番感人的话：老张啊，你可是有身份有地位的人哪！入党30多年的老党员了，还当过支部书记。在群众中威信高、口碑好。你在位时不是动员大伙儿兴修水利，挖井建池吗？现在别人响应你的号召怎么就不认账了呢？这样的事应该同别人好商量才是。要我说，你一个德高望重的老干部，同一个小青年动武，纵有千个理由首先就没理！你家现在可是个光宗耀祖的家庭，你弟弟在部队刚当上团长，

他绝对不许你这样做，你应该好好为他脸上争光才是。再说，你家小强也学业有成了，听说过几天就要带女朋友进门。正是家兴人旺的时候，千万不能生一事啊！你想想两家打起来的后果吧，那时候就不是家兴人旺，而是家破人亡了！听了这席话，老张终于冷静下来，退出了争斗。

这里，会劝人的刘老师巧妙地给老张戴上了高帽，把他最值得珍惜的事情说出来，然后对用比的方法，指出"家兴人旺"和"家破人亡"两种结局，通过鲜明具体的比较与权衡，使老张觉得与小王争斗下去确实得不偿失，后果严重，从而悬崖勒马、偃旗息鼓，使一场即将发生的血战平息下来。

第三种：反激式高帽。

生活中，我们有时会遇到一些不公正、不公平。甚至仗势欺人、恃强凌弱的事情，而弱势一方迫于种种原因，有话不说、不愿直说。这时，可以采取一种反戴高帽的方法，即违反对方的本意，故意给对方戴上一顶公平、公正、高姿态、高风格的高帽，造成一种"人言可畏、邪不压正"的心理压力，迫使强势一方改变主意，达到劝说的目的。

前几年，某单位按照福利分房的规定，准备将一套三居室住房分配给老职工赵某。第一榜公布之后，单位接到上级通知，该单位的杨某被提升为副局长。这样一来，赵某按年龄、杨某按职务都符合分配三居室住房的条件。杨副局长想改变第一榜公布的方案，把这套房子分配给他自己。职工赵某找到杨副局长，很得体地陈述了自己的意见：

我知道，这些年来局领导一直很关心职工，什么事情都首先为职

工考虑，因此局领导班子在职工中享有很高的威信。这次分房，领导把三居室的住房分配给我，是领导对我的关心、照顾，我全家都非常感激。这几天大伙儿都祝贺我，我说是我的福气好，遇上了好领导，个个都高风亮节，是领导谦让给我的，大伙儿对领导深表敬意。杨局长，你是我的直接领导，多少年同甘共苦，现在要我把房子让给你我没有一点意见。但我担心其他职工会对你有不好的看法，你是新提拔的局长，毕竟处的位置和我不同，领导的声誉太重要了，金杯银杯不如群众的好口碑啊，你还是慎重考虑一下吧！

杨某不好意思坚持己见，最终放弃了分房的打算。你瞧，赵某不是从正面为自己找理由力争，而是违反杨某的本意，故意从"关心职工、办事谦让、群众口碑"等方面给他戴上高帽，人言可畏、反对不得，使他不得不放弃。赵某既没有得罪领导，也保护了自己的利益不受侵害。

以上几种高帽，可以适用于不同的情况，我们可以根据场合不同，而选择合适的一种。毕竟人们在交往时，情绪传递的方向，总是从表达能力较强的一方，指向相对较被动的一方。总之，如果能把高帽戴得恰到好处，就会使你的劝说立竿见影。会使你的交际锦上添花。

◎ 说服的艺术

说服是人际交往中比较常见的一种交往技巧。但是并不是每个人都可以将说服的效果达到极致，因为在说服过程中，有的人总是自以为很能说，滔滔不绝地说了半天，但是听者却根本没有听进去，更没明白，让人觉得一塌糊涂。这样的说服根本起不到任何效果。

要知道，说服，就要让对方心服口服，这样对方才会听你的劝告。一般来说，说服别人的时候，摆道理是最佳的方式之一。

我们知道，论辩赛的论辩并不需要说服对方，而只需要说服评委与听众；只要评委与听众被说服，论辩也就胜利了。以软化对立为目的的日常论辩则不一样，它不仅要求说服对方而且要求自己做好被说服的准备。这一点正是论辩中，不是一方被另一方说服，而是双方都有道理，能够找到真正的对方，才能够真正地软化对立。

其实，在说服对方的时候，我们需要注意以下几点：

1. 讲清楚自己的立场

请清自己的立场，包括讲自己的论点。论据加论证（尤其是论点），讲清自己的立场，不致使对方误解自己，引发不必要的新对立。例如：四川的小刘和浙江的小杨是好朋友，零花钱经常一块儿花。一次，两人买榨菜，小刘买了一袋四川榨菜。小杨很不乐意："你怎么不买浙江榨菜？"小刘："浙江榨菜的味道哪能有四川榨菜

纯正呢？"小杨："你真不会吃。浙江榨菜的味道才叫纯正呢？"小刘："我不会吃？我是吃榨菜长大的，吃了几十年，恐怕是你不会吃吧。"……

双方都没有把自己的立场讲清楚。什么叫"纯正"？这是一个含义模糊的词。也许双方真正的对立是：小刘是四川人，喜欢吃麻辣味的榨菜；小杨是浙江人，习惯吃甜味的榨菜。由于没有讲清立场，反倒引发了新的对立：谁更会吃榨菜？

2. 要辨析清楚双方的立场

通过讲清自己的立场，听清对方的立场，从而对双方观点的优劣得失有个清楚的了解，明白真正对立之所在，这是从道理上软化对方的关键。例如：1999年高校扩招，舆论褒贬不一。在某电台的直播访谈节目里，一个高中毕业的外企总经理与一个大学青年讲师为此事展开论辩。总经理认为：扩招无意义，绝大多数人都没有上大学的必要，因为他们同样可以生活得好好的；少数人也没必要上大学，因为通过努力他们一样可以有汽车，有洋房。大学讲师则持相反的观点：高等教育应该向更多的人敞开大门，因为人们应学习更多的知识。在节目的最后，大学讲师总结道："我与总经理的根本分歧其实不在于是否赞成高校扩招，而在于：到底是知识还是物质生活应该成为人们追求的目标。"

讲师与总经理的根本对立是一个悬而未决的问题，可贵的是讲师在表面对对立之下找到了真正的对立。只有软化了真正的对立，才算是真正软化了对立。辨析双方立场，找出真正的对立，这是软化对立

情商的世界

的前提。

3. 听清对方的立场

对于对方的立场，重在一个"听"字。做一个良好的倾听者，听清对方的立场，有助于正确理解对方，不至于发生误会。

（1）对方已说的话，要注意他是在什么意义上说的。

听话听音，一方面指要听出对方有意义的弦外之音（如双关语），这一点做到不难。难的是在另一方面，要听出说话者本人也没有意识到的含义。例如，奥运会亚洲九强赛中国对巴林一役中，李金羽射入两球，并让中国队以2∶1获胜。但他又有两个单刀球没进，让中国队的净胜球难以超过韩国队。经常看足球的甲与经常踢足球的乙展开辩论。甲："李金羽不行，中国前锋不行。"乙："李金羽不行？你上去试试啊。没踢过球就不要乱讲。"甲："没踢过球，难道我就没看过球吗？"……

球迷甲说李金羽不行，也许是在跟世界级前锋作比较；球员乙说李金羽行，显然是在跟自己作比较，在这个意义上，双方并无真正意义上的对立。问题糟糕在：由于互相没有弄清楚对方的话是在什么意义上说的，反而因虚假的对立而引发新的对立"谁有资格评球"——经常看球的还是经常踢球的。

（2）对方没有说出来的，不要贸然替对方下判断。

首先，与对方肯定的话相对的判断，对方不一定事实上否定它；与对方否定的话相对的判断，对方不一定肯定它。因为相对判断不是相反判断。举个例子，老师斥责小明说："作文里该用句号的地方你

怎么不用句号呢？"日常论辩里人们往往认为老师的话也包括这个意思：小明在作文里该用句号的地方没有用句号，其实事实上，老师说这句话也许是因为小明的作文里没有句号，或者是仅仅在某一处该用句号的地方用了别的标点。

在日常论辩里这类错误也很常见。例如：主人请客。丁一直没来，主人等得不耐烦："该来的怎么还不来。"甲想主人是想说"不该来的却来了"，于是扭头就走。主人见状，说道："不该走的走了。"乙一听不乐意了，这不明摆着说："该走的没走吗？"于是起身就走。主人急了，追了出去："我没说你。"丙一听，心想是在说我吧，也回家去了。

人们一般从这则流传甚广的笑话（其中论辩并未持续，而且语言形式不完整）中引出说话要小心谨慎的教训；但从另一方面看，又何尝引不出听话要小心谨慎的教训呢？若甲、乙、丙不替主人下判断，对立也就不会不可收拾了。

其次，不要任意扩大对方的话。任意扩大对方的结论，使之变得荒谬可笑，这是论辩赛的常用技巧。日常论辩要求用道理说服双方，而非一方战胜另一方。这样做就不妥了。

例如，甲乙二人买完体育彩票后，甲说："发行体育彩票好。可以为体育事业筹集大量资金。"乙说："我看不好，这是在助长群众的赌博心理。"甲："毕竟目的不同嘛。买彩票是为体育事业作贡献，哪能等同于赌博？"乙："既然发行彩票可以集资，是不是要发行航空母舰彩票，登月彩票？是不是我家修房子缺钱，也来发行彩票

呢？"

在这场论辩里，乙扩大了甲的论点，甲赞成发行体育彩票，但他不一定赞成凡是缺钱就发行彩票。乙的这种做法是在给软化对立找麻烦。

4. 巧妙地改变自己的立场

日常论辩要软化对立，所以不讲究论辩赛的"守住底线"。打个比方，论辩赛双方是两块拒绝融化的冰（谁融化谁输）；而日常论辩的双方则是两团燃烧的火（真理之火），凑在一起火焰才旺。为了软化对立，日常论辩要求适时变化自己的观点，以与对方取得一致。以下是两种较好的做法。

（1）把自己的观点归结到对方的观点中去，让双方对立都得到改善。

例如，某公司市场部经理与开发部经理为一种新产品的开发论辩起来。市场部经理认为：在开发一种新产品之前，应先做详细的市场调查，看看消费者有无这种需求。开发部经理则认为：新产品的开发必须保密，让顾客和同业竞争对手都感到神秘才好，两人论辩了一会儿，都感到自己的立场有问题。市场部经理主动提出：开发部经理的主张是正确的，但开发之前最好进行一次一般性的市场调研。

市场部经理把自己的立场从详细的市场调查调整为一般性的市场调研，以此来迎合对方的观点，从而软化了对立。

（2）把对方的观点归结到自己的观点中来，以引导对方。

例如，目前在校生近视眼发病率很高，医生A认为主要是个人卫生

问题，B医生则认为是用眼教育问题。

A："近视眼大多是由看书时间过长。看书姿势不正确等用眼不卫生引起的，自然是个卫生问题。"

B："你想过没有，如果学生压力不重，学生会长时间念书吗？"

A："也会呀，他们也许会长时间看课外书。"

B："既然这样，学校又为什么不加强用眼卫生的教育呢？"

A："可能教育了，没起作用嘛。"

B："教育居然不起作用，这难道还不是一个教育的问题吗？"

在这场论辩里，医生B巧妙地把A的观点引入自己的观点之中：即使是个人卫生问题，也首先是一个卫生教育问题，从而仍还是一个教育问题。

如果你希望用道理去说服对方，那就必须讲清自己的立场，听清对方的立场，将双方的立场辨析清楚，并在可能的情况下巧妙地改变自己的立场。

总之，说服对方是一门技巧，只有掌握了这种技巧的精髓，并且可以将其运用得恰到好处，你就能在人际关系上达到一个新的高度，并且越来越受人们的欢迎。

情商的世界

◎ 善意的忠言

一直以来，在人们的脑子里，有一个思维定式——"良药苦口，忠言逆耳"。但是你想过没有，难道忠言都必须是逆耳的吗？

我认为，这本不该成为一个问题，但由于长期以来，被一些人有意无意地扭曲成某种定义，因此才成了问题。对于这个问题的答案，我的回答是：不一定。

忠言作为真诚帮助他人的一种形式，它的初衷必须是善意的。既然是善意的，献言者就会想方设法把话说得让人容易接受，而逆耳之言如何才能让人更好接受？反过来讲，不能给予他人忠言的人，这肯定不是一个真诚的人。

忠告的人不是真诚的人，而这种人也有所谓的"忠言"，那么他们的"忠"从何而来呢？从挑他人的刺而来。因为爱挑人刺，嘴又封不紧，情绪上来叽叽歪歪地说到你没有脾气为止，末了，还要再"赠"你一句"我这是为你好，良药苦口，忠言逆耳"。每逢此境，你是真该感谢对方呢，还是该暗骂一句"去你的吧"？

不过，善意的忠言也确实有逆耳的。究其原因，就在于有些人在特定的对象面前，容易受特殊的感情支配，以至于与对方善意的、有理性的认识，形成了认识上的交叉，这就促成了逆反情绪的再生，于是，越是忠言，越觉得逆耳。

比如，一个团队的部门经理在已经知道部下尽了最大努力但还是把事情办砸的前提下，尽管没有对他做太多的指责，还是忍不住要向他提出如"下次再不能重复上次的错误了"之类的忠告，即使你指出的问题很有道理，对方也很有可能心里不买你的账，大有可能在心里骂道："你他妈的别站着说话不腰疼，有本事你自己去试试！"显然，这样的忠言效果就是失败的。假如此时你能说"你已经尽力，事没办好我也有责任"之类的安慰的话语，然后再与部下一起分析失败的原因，部下岂会抵触你的忠言？

如此看来，仅有"为别人好"的善意献言还不够，要使献言变成对方能接受的忠言，献言者就必须掌握"管嘴"技巧，否则就会收到反效果。

现实确实如此。

很多时候，我们总会听到一种疾恶如仇、满口仁义道德的逆耳忠言。于是我们也往往会强制自己必须把"恶言"当忠言，像喝苦口良药般虚心地采纳，但屡试不第后，方才会觉得苦口良药和忠言逆耳根本就不可同日而语，将二者彼此相互比喻，实在有些牵强，因为忠言是不能当作药汤从人的嘴巴往肚子里灌的。

忠言不能和药类比。药是治疗身体病症的，苦药可以药到病除；而忠言主治的是人的心理病症，正常人的心理不爱接受逆耳的忠言。如果实在要说忠言是药，那么这种药也是顺耳的比逆耳的更具治愈能力。人心总是因为多听逆耳之言而更加脆弱，只有顺耳之言，才能鼓起人们发奋的斗志。

如果忠言必逆耳的话，那么我就要问了：中国古代又有哪个君王是因为听从了逆耳的忠言而成为一代明君的呢？是秦朝始皇、汉代武帝，还是蜀国刘备？又有哪个君臣是因为勇于向君王献逆耳忠言而受到重用的呢？是屈原、吕不韦，还是岳飞？

既然古代并没有给我们留下什么忠言逆耳的成功经典，我们为什么还要为那些"割耳朵"的话，不分青红皂白地一概认可忠言呢？如果忠言逆耳成立，那么，好言相劝又该称之为什么呢？

当然，逆耳的忠言不是没有，但它只是整个"忠言系"当中很小一部分，而且献言者大多数还带着情绪或仅仅是为自己找一种悖论的借口；更多有效的忠言，还是来自友好与善意的诱导。所以，逆耳的忠言并不是最好的忠言。

无论你面对的是朋友，是同事，是亲人，还是一般熟人，只要你是真的有意向对方献上忠言，那么就请你先把自己的情绪调整好，把嘴管好。做到这一点，你所献的忠言就一定不会逆耳。

除此之外，在什么场合提出忠言也很重要。一般而言，有意献言者最好事先安排"一对一"的形式，以避开他人耳目，引发不必要的传言，伤害对方的自尊心。

经验和事实告诉我们，世界上还没有哪个好心人，愿意把劝说别人的话，故意说得像割人耳朵般难听，即使是家长对小孩的教育，也并非只有以骂来解决问题。诚如一个作家所言："察纳忠言，固然是应用的雅量，但不上道的忠言，还是不听为好！"

人的能力到底如何，往往要取决于能力的兑现情况，能力的实现

是能力的重要标志，实现的效果往往成为能力价值的尺度。能力往往要在一定的环境与条件下才能形成与实现，特别是人际环境往往是能力形成与实现的重要因素。

美国某大铁路公司总裁史密斯说："铁路的成分95%是人，5%是铁。"

他的话告诉我们，无论是成功人士，还是科学研究，无论你从属于哪一行，或从事何种职业或专业，只要学会处理人际关系，你就等于在成功路上走了85%的路程，在个人幸福的路上走了99%的路程了。

人际关系有时是润滑剂，有时是阻塞器，它可以帮助我们成功，也可以使我们失败。我们与配偶的关系怎样，决定着我们与子女的关系如何。我们的家庭关系，则给我们与别人的关系定下了调子，生活中，我们极少见到长久成功的人与配偶的关系是很糟糕的。同理，我们与同事、上司及雇员的关系好坏，直接决定着我们的生意成败，即使没有起到决定性的作用，也是其中一个非常重要的原因。

所以，除非一个人与别人有良好的关系，否则任何技术知识、技能都不能使他得心应手，发挥自如。

有几位教师向2000名雇主寄出一份问卷。调查被解雇的员工的资料，然后回答，你为什么要他离开？无论工种是什么，地区在哪里，有2/3的答复是"他们是因为与别人相处不好而被解雇的"。

如果你对此半信半疑，可以看如下事实：

人们在对美国商界所做的领导能力调查中证实：管理人员的时间平均有1/4花在处理人际关系上；大部分公司的最大一笔开支用在人力

资源上；任何公司最大的，也是最重要的财富是人；管理人员所定计划能否执行，其关键是人。

无论你的目标是什么，选择了什么职业，如果你想获得人生的成功，你必须学会与别人搞好关系。要知道，一滴水只有放在大海里，才永远不会干涸。一个人纵然满腹经纶，才华横溢，其能力的实现也离不开一定的人际环境。其能力只有在一定的集体背景下才能凸显，集体的作用岂止如此，甚至还能在一定程度上对个体能力进行放大与倍增。

◎ 应用你的直觉

接近是从"未知的遭遇"开始，接近是和从未见过面的人接触，任何人碰到从未见过面的第三者，内心深处总是会有一些警戒心，相信你也不例外。

曾任美国总统的里根，不仅是位卓越的总统，也是一位伟大的沟通家，他说："您在游说别人之前，一定要先减除对方的戒心。"

当客户第一次接触你时，他是"主观的"。"主观的"含意很多，包括对个人穿着打扮、头发长短，品位，甚至高矮胖瘦等主观上的感受，而生产喜欢或不喜欢的直觉。

我们知道，直觉是人脑对于突然出现在面前的新事物、新现象、新问题及其关系的一种迅速认识、敏锐而深入的洞察。换句话说，就是直接领悟的思维。

直觉可能为我们提供正确的事实判断，这种判断是无法依逻辑推理完成而是在无意之中突然出现的感觉。当然，这种直觉并不是完全凭空而来，它实质是人们尚未意识到、尚未总结的经验。

某药店正打扫店堂，准备关门。

"小姐，请替我拿两瓶'利眠宁'。"

售货员抬头一看，是一位中年妇女，穿着得体，神态平静。于是她拿出两瓶安眠药递给她。但就在这位顾客付钱的时候，售货员发现

她的手微微颤抖。她莫非是打扮整齐，准备自杀的？

售货员匆匆把店里的事向同事交代了一下，就奔出店门，追上那位顾客。

果不其然，通过交谈，那位妇女告诉售货员：她不堪忍受丈夫虐待，便想一死了之。售货员告诉她自杀只会伤害自己和亲人，应该用法律武器来与之抗争。那位妇女慢慢抬起低垂的头，答应照她的建议去做。就这样，售货员从死神的手中夺回了一个灵魂。

一个普通的营业员，从没有接受有关判断自杀的教育。她得出中年妇女要自杀的结论只是一刹那的直觉。她的直觉是对的。这并非是她有特异功能，而是她在日常生活中，通过影视、小说，在潜意识中，对自杀者的一些征兆有一定积累，但尚未条理化。而中年妇女的征兆也是自杀前的一种，唤醒了她潜意识中对自杀的认识。所以，她能以一刹那的直觉做出判断。

直觉不仅可以洞察与他人的行为，还可以帮助科学家在创造活动中做出预测。

爱因斯坦面临在物理学上做出方向选择的时候，凭借他非凡的直觉能力，走了一条革命性的道路——用"光量子假说"，对量子论作了重大贡献。

英国物理学家卢瑟福，也是凭着强烈的直觉，感到在原子物理和核物理两方面必定会有重大发现，于是很早就进行原子核物理的研究，最终在最短的时间内，得出了大量重要的发现。

此外，直觉还能帮助企业家做出非凡的决断。

当斯卡利决定加盟苹果公司时起，便开始向电脑世界发起强有力的进攻。接管苹果公司后不到一年的时间，便成了公众瞩目的焦点。在斯卡利看来，所有重大的市场决策，都是由直觉做出的。经验、资料及各种不同的视角成为他直觉的源泉，而且目标又引导了直觉。

正是凭借这种直觉，曾经由他指导挫败了一次权力接管的挑战。挑战者是将其带入苹果公司的创建者之一、董事会主席史蒂文·乔布斯。斯卡利揭穿了乔布斯的伎俩后，牢牢地控制了公司。

接着，他立即制定了一个重组方案，将苹果公司繁多的管理部门，合并为三个不同职能的部门。这是任何一位经理可能面对的压力最大、最棘手的一段时期。斯卡利将策划、生产和产品销售统一管理，还建立了一个产品开发部、一个市场部及销售部。

斯卡利做出的决策，不仅影响到1200名员工的生活，也牵涉到整个企业文化，是一项大胆之举。

虽然斯卡利有自己的生意分析方法，有一些可供参考的数据，但像这样的决策还需要更多的东西。他必须能够自由地运用左脑和右脑，一边进行抽象思维、一边重视实际操作，并得同时问自己两个问题：苹果公司打算做什么？如何达到目标？

在斯卡利的领导下，苹果电脑公司在赢利中得以发展。斯卡利既保持了公司的企业文化，又维护了整个苹果公司的事业。

他的成就，源于在最关键时刻对自己内在感觉的信任。他的决策是自信而直接的，他收集了信息，确定了它们之间的联系，然后就听任直觉驱使。

正是凭借斯卡利的大胆创举，使苹果公司成了21世纪的世界级竞争参与者。这项任务完成后，1993年6月，斯卡利于告别了总经理的位置。他觉得，自己接下来的目标应该是多花点时间陪陪家人、思考未来。

试想，如果约翰·斯卡利未能预见到公司前途的种种可能性，还会有今天的苹果公司吗？也许，它现在只是那些有些本事但缺乏经验的创业者们留下的一片混乱而已。所以，积极地运用直觉，能把决策人员从撰写季度报告之中解脱出来，转而集中精力作长远的考虑。短期的压力，阻碍了他们发展公司所必须具备的远见。

直觉是思维的一种形式，但它并不是神秘莫测、玄而又玄的东西。高度直觉的能力来源于人对知识和经验在潜意识中的积累，归根结底也是以实践为基础的。那么，如何才能开启人类的直觉呢？

若想开启直觉，有一个相当简易的方法，那就是身心放松——学着安静地坐下，忘却让你感到压力的事情。这种方法时间不限，可以短至5分钟，在你坐在椅子上或正冲淋浴的时候便可进行。你也可将它当成常规之事来做，譬如，每天抽出20分钟时间来打坐入定。

这样一个积极想象的过程，是开启直觉之门的一个非常有力的工具。这可不是一种游戏，重要的是得记住，尽管你不再控制自己的意识，可实际上你仍在对自己进行着有效控制（全局统筹而非随意支配，往往是出色的领导者与一般老板的差别所在）。你使用和练习这些方法越多，就越容易听见和辨认直觉，而不会忽略直觉的寂静之声。

一旦我们的大脑已经能够放松下来，哪怕是最短暂的时间，那

被锁在最深处的东西也会得以释放。记住直觉常常是那些被看似更为"理性"的声音所压制的一种内在的寂静之声。但是，如果你不愿花时间去听，又如何能指望听得见呢？

刚开始，这种练习也许会像是在浪费宝贵的时间，特别是当你忙于急事时，就更显得是无所事事，虚掷光阴。但是只要你能使自己安静下来，哪怕只是一小会儿，你就能除去那阻碍你倾听内在活动声音的表层的自觉意识。这样，你就能得到进行真正审视的机会。

弗朗西斯·沃恩在她的著作《觉醒的直觉》一书中有过这样的阐述："你要学着听取你原本就已经知道的东西。但是为了能够听见，你的大脑就必须安静下来，而不充斥着你自认为需要去学的那些东西。"

可见，身心放松是一种思维解放，通过放松自己，我们就可以使大脑不再受有意识的思维与分析的限制。这种除去思想负担的过程，使我们的有意识活动平息下来，从而使我们能够听到来自心灵深处的声音，并据此做出决策，走向成功。

◎ 体态语言的艺术

虽然人们是用语言交谈，用语言传播信息，但语言并不是说话的全部。无论是说话者还是听话者，信息的准确传播和接受，都还得借助双方的表情、姿态、动作等肢体语言。

一位心理学家曾指出：无声语言所显示的意义要比有声语言多得多，而且深刻。他还对此列出了一个公式：信息的传递=7%言语+38%语音+55%表情。

所以，一个真正会说话的人，不仅会用嘴说，还会运用表情和肢体语言。事实上，肢体语言本来就是人们用来传情达意的一种重要方试，有时通过眼神、表情、手势或姿态等，就能把自己的心意传达给对方。

美国的语言专家通过研究得出结论：人的感觉印象中，有77%来自于眼睛，14%来自于耳朵，9%来自于其他感官。因此，当我们与人交往时，必须十分注意自己的言谈举止和表情，只有这些都被对方接受了，那才能说明我们获得了对方的认可。

在我们的身边，我们经常会遇到这样的人——一开口就滔滔不绝，但别人却不爱听、听不懂，或者根本不想听其说话的人。究其原因，问题很可能就出在他的神态举止上。

神情倨傲，会伤害听者的自尊心；态度冷淡，会令听众失去听的兴趣；举止随便，会使听众对你不够重视；表情卑屈，会使听者产生

怀疑；动作慌乱，会动摇听众对你的信任感；面部表情过于严肃，会使听众压抑和拘谨……可见，善于说话的人，其一举手、一投足间，都影响着交谈效果。

体态语言是与人沟通中不可忽略的一个方面。读懂了他人的体态语言，会使我们在工作和生活中少走许多弯路，更好地完成任务，更快乐地生活。

心理学家认为，眼睛是心灵的"窗户"，它能作为武器来运用，使人胆怯、恐惧。常见的瞳孔语言为，在表示反感和仇恨时，瞳孔缩小，还露出刺人的目光。相反，睁大眼睛则表示具有同情心和怀有极大的兴趣，还表明赞同和好感。此外，还有民谚这样说："一个目光表达了1000多句话。"也就是说，我们能够从他人的目光中看出很多很多东西。

当对方说话时，不看着你，这是个坏迹象，他想用不重视来惩罚你，说明他不想评价你；他从上到下看了你一眼，则表明其优势和支配，还意味着自负，他久久不眨眼盯着你看，表明他想知道更多情况；对方友好、坦率地看着你，甚至偶尔眨眨眼睛，则表明他同情你，对你评价比较高或他想鼓励你，甚至准备请求你原谅他的过错；对方用锐利的眼光目不转睛地盯着你，则表明他在显示自己的权力和优势；对方只是偶尔看你，并且当他的目光与你相遇后即马上躲避，这种情形连续发生几次，表明面对你，他缺乏自信心。

体态语言专家们认为，嘴和眼睛一样，嘴的闭合也会泄露真情，在"哈哈"大笑时，意味着放松和大胆，"嘻嘻"地笑，是幸灾乐祸的表现，而"嘿嘿"笑时，则意味着讥讽、阴险或者蔑视，这样笑的

人多数为狂妄自大、自恃清高的人。

精神学家认为，手势、表情丰富的领导，是容易冲动、特重感情的人；但如果某人手势做得太夸张，那么他就是个敏于对外界作出反应，容易受别人的影响、很苛求的人，是个软弱的领导人。

心理学家认为，有许多体态语言能让我们知道他人的内心世界，了解他人所说的是否就是他的真实想法。

双手合拢，从上往下压，表明对方想使其内心平静下来；双手叉腰，双肘向外，这是古典体态语，象征着命令式，同时也意味着在与人接触中，他是支配者；当对方舒适地向后靠，双手交叉在脑后，双肘向外，这是自负的表现；当对方伸出食指，则表明他是支配者，有进攻心；当对方的双手平静地放在背后时，则表明他具有优越感；当对方拍拍你的肩后部时，表明他真诚地赞许你；如果对方拍拍你的肩前部时，或从上往下拍，则表明对方居高临下而又显示宽容，这些动作表明他是支配者；两个手指交叉在一起，与两个食指形成了一个锥体，这表明在讲话前，对方已做好了拒绝的准备；握紧拳意味着不仅想威胁对方，还要为自己辩护。

想必了解了以上这些之后，很多人都会觉得自己在体态语言方面有很大的改进空间，继续提升自己。但是我想说，虽然体态语言很重要，对于促进我们的人际关系有着很重要的影响，但是，我们也知道，改变和提高是一个循序渐进的过程，我们不能一口气吃个胖子。正如一个精神病专家对一些对自身抱着过高希望的人所做的提醒："要想改变自己的体态语言，这需要很长的时间，因为一个人不可能在太多方面都做到自我控制。"

◎ 增强人际关系中的抗挫力

因为在我们的生活中，我们已经知道，靠个人力量以求发展，则发展有限；多与各方朋友结缘，则发展的后劲没有止境。一个人可以有好几种投资，对于事业的投资，是买股票；对于人缘的投资，是买忠心。买股票所得的资产有限，买忠心得的资产无限；买股票有时会吃亏账，买忠心始终能把事情办好；股票是有形资产，忠心则是无形资产。"纣有人亿万，为亿万心，武王有臣十人，惟一心。"武王之所以兴周，商纣之所以败亡，就在于有无这份无形资产。正所谓："得下者得其人，得其人者得其心也，得其心者得其事也。"

无论你做了多少准备，有一点是毋庸置疑的：当你进行新的尝试时，你可能犯错误，不管作家、运动员或者是企业家，只要不断地对自己提出更高的要求，都难免失败，但挫折并非罪过，重要的是从中汲取教训。

要知道，克服危机之路并非一帆风顺，但是，我们不能害怕困难，我们要勇敢前行，需要清楚一点——有失才有得，有大失才能大得。没有承受失败考验的心理准备，闯不了多久就要走回头路了，所以，所有勇敢的人，我们都要记住，失败并不可怕，摔倒了就要赶快爬起来。

面对各种各样的困境，都有一个共同特点是考验人的意志力，或

情商的世界

者叫抗挫力。每个人都会有困境，没有困境的人是不可能有的，只有挑战困境，才能从困境中走出第一步。所以，我们必须增强自己的抗挫力，鼓起勇气，坚持到底，直到成功。

一个人要增强自己在人际关系中的抗挫力，必须要有长远眼光，要在别人遇到困难时主动帮助，并且不计回报，"该出手时就出手"，日积月累，留下来的都是好人缘。

为什么有许多人走不出困境？分析其原因，最主要的就是因为缺乏高喊"我很重要"的勇气，相反，能这样做的人，就会是另外一个样子。

你敢说"我很重要"吗？试着说出来，你就能激发出挑战困境的气魄！

也许你现在只是客服中心一个微不足道的客服人员，但是，你其实一直都是一粒闪闪发光的小星星，部门的建设和成长离不开你默默无闻的贡献，所以"你是很重要"的！正因为你的重要，你要享受你的重要，享受工作带来的乐趣，便是瞻望未来的成功。

你要知道，讨厌自己职务的人，做法往往恰恰相反。他们回想过去的困境，忘却往日所有的成就，以至摧毁自信心，从未成功的人总是为每一次陷入困境自责不已。另一方面，虽会遭遇挫败但仍喜爱工作的人能了解过去犯了多少错并不重要，重要的是能不能从每一次陷入困境中汲取教训，以至在下一次能有较好的表现。

我们不应因为陷入困境而哭泣，相反，我们要将其中的那些不利因素当作修正的方向，修正之后，再度瞄准目标，直到实现目标。

其实，在遭遇困境的时候，大多数人并非是被困境吓倒的，而是被自己的恐惧心理打败的。

所以，魏特利博士提出了九种克服惧怕困境心理的方法：

1. 阅读

初期的震荡过后，一旦重新集中心神开始阅读。阅读书刊——尤其是教你自助自疗的书籍——予你启发，使你放松。

2. 写日记

许多人把遭到不幸的平复过程——记载下来，从中获得安慰。此法甚至可以产生自疗作用。

3. 大哭一场

开怀地大哭一场，这并不可耻，流眼泪不仅是伤心的表现，而且是悲哀或感情的发泄。

4. 运动

体力活动的疗效特别显著。有个中年女性在十多岁大的儿子自杀后便心神紊乱，无心做事。她听朋友之劝参加了爵士乐运动班。后来，她说："那只是跟着音乐伸展，身子舒服些，心情也好多了"，"运动能使你抛开心事，抛开烦恼，让你脚踏实地感受自己在做什么。"

5. 学习新技能

到社区学院去选一门新课，找个新的嗜好，你可以有个异于往昔的人生，可以借新技能加以充实。

6. 奖励自己

在极端痛苦的时刻，哪怕是最简单的日常事务——起床、洗澡，做点东西吃——都似乎很难。应把完成每一项工作（不论多么微不足道）都视为成就，奖励自己！

7. 莫再沉溺

有许多人挨过了创痛期之后，最终会感到必须有所为，也许是创设有关组织，或写书，或是参与让公众关注的活动。在这个过程中会发现，帮助他人是很有效的自疗方法。

8. 参加辅导团体

一旦决定"要好好过日子"，就要找个倾诉对象，跟过来人谈谈也许最有帮助。

9. 安排活动

要想到人生中还有你所期盼的事，这样想可以加强你通往罗马大道再创造前途的态度。不妨现在就决定你拖延已久的施行日期。

此外，从困境中走出来的方法还有以下几种：

第一种方法：重新出发。方法有了，我们能真正做点什么帮助自己渡过难关吗？我是能帮助自己走出人生低潮的。

第二种方法：诚恳而客观地审视遭遇情势。不要归咎于别人，采取必要措施，以求改正。

第三种方法：分析陷入困境的过程和原因。重拟计划，采取必要措施，以求改正。

第四种方法：在重作尝试之前，想象自己圆满地处理工作或妥善

地应付客户的情景。

第五种方法：把足以打击自信心的困境记忆一一埋藏起来。它们现在已经变成你未来成功的肥料了。

如果我们能够从挫败中慢慢走出来，我们的人际关系也会逐渐好起来，我们也不会觉得挫败有多么可怕，从此刻起，我们就会相信，挫败可以战胜。那么我们现在还缺乏什么呢？我们还缺乏从废墟中重建的勇气和信心，只有具备了这两样，我们才能最终战胜挫败，实现"挫败——克服危机——再挫败——再克服危机"的成功模式。从而使我们需要接受适当的挫折教育，这样才能有助于人际关系的发展。

鉴于抗挫力对于一个人的影响非常重大，所以，世界著名的儿童教育专家和心理医生都认为，挫折教育应当重在培养孩子心理上的抗挫能力。这样，在孩子逐渐成长的过程中，他的抗挫能力就会不断得到提升，进而长大之后能够更有勇气直面人生。

那么，家长和老师如何在生活中，从一点一滴的小事里，培养孩子的心理抗挫力呢？医生和专家们给出如下建议：

建议一：保持好的心态。

孩子的抗挫力有多强，有很多时候直接取决于你对待挫折的态度。

建议二：我会和你在一起。

孩子的抗挫力来源于他的自信心与成就感。孩子最大的成就感来自家长对他的重视。

建议三：告诉孩子失败是什么。

要和孩子一起分析失败，让孩子看到，导致失败的原因是自己可

情商的世界

以改变的。

建议四：表扬孩子。

对于孩子，以正确的态度面对成功与正视失败同样重要。在孩子成功时，表扬孩子"你很努力"而不是"你最能干"，能让孩子明白：成功意味着掌握一项技能，而不是显示一种天赋。

建议五：发现孩子的闪光点。

孩子不可能完美无缺，但也不会一无是处。要努力发现孩子擅长的事物，并给予鼓励。在某一领域有充分的自信能帮助孩子更好地面对来自其他方面的挫败。

建议六：给孩子一个遭遇挫折的机会。

如果永远将孩子置于羽翼之下，帮他抵挡伤害与失败，那他就永远学不会在打击到来时独自承受。大一点的孩子有时会拒绝尝试新的或他们认为困难的事情，如果给他确定的目标是"试一试"而不是"成功"，孩子应该比较容易接受。

第四章
情商提高你的心智

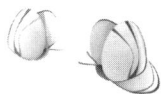

　　没有人是绝对完美的，也没有人注定会一辈子失败。我们只有自我提高，敢于打败自我，超越自我，进而更加清楚地了解别人，才能更有理由和勇气去挑战别人，从而赢得成功。

◎ 心智与精神世界的对接

在医学上，有一个很奇怪的现象，心智尽管是影响人类健康的主要因素，但人们却否认它是疾病的主要原因，致使它一直未被纳入正规医学研究的范围。但近年来，人们开始对身体中毒和内分泌紊乱现象重视，医学研究者们也开始探索身体外的作用机制。这些研究开始进入诊断学的范围，还作为治疗法被纳入先进的医学技术。

其实，很早以前人们就已经开始研究心智对身体的影响，甚至可以追溯到古希腊医师，有"医药之父"之称的希波克拉底时期（约公元前460年—约公元前370年）。

14世纪的时候，曼德维尔就曾赞成让一些病人通过背诵《赞美诗》来治病；他也不反对通过朝圣来寻求健康。他认为，善意的巨大力量足以抵御疾病入侵。人们在朝圣时通常是步行，大部分时间在室外度过，体育运动对身体健康的价值不言而喻。到中世纪及其后，不管患者多有钱，出身多高贵，许多名医都坚持要他们从家里徒步前往求医，而且如果不够谦卑，还将拒绝为他们治疗。如此，许多嗜睡症和肥胖症就这么治好了。这些都是古代心智应用的实证。

每个人都有自己的精神特性，所以必定存在着统治精神世界的基本法则，无论是否受到重视，这些精神法则都将发挥应有的作用。

鲁迅先生一向反对对顽敌实行"恕道"，他曾这样告诫后人：

"损着别人的牙眼，却反对报复，主张宽容的人，万勿和他接近。"用在这里再合适不过了。

由此可见，相对于固执、迂腐的老学究们，当代人就显得明智、宽容、开明多了。他们总是慷慨地承认其他学派的优点和自己学派的局限。那些责任心极强的人们，他们认为，责任是指对自己义务的知觉，以及自觉履行义务的态度或意愿。没有人会希望自己碌碌一生，家庭不幸，生活没有意义。怎样摆脱彼得·潘的纠缠？最有效的办法就是去面对，任何你试图逃避的，不愿承担的，从现在开始学会直面这些。

墨西哥心理治疗协会主任罗伯托·图鲁比亚德斯则告诫说："彼得·潘综合征"会对患者的人际关系产生重大影响。因为处理感情问题尚不成熟加上不能持之以恒，所以他们不太会有固定的人生伴侣。就算确定了正式的恋爱关系，对方也会拿他们当孩子看待。

在他看来，这种病症难以用药物治愈，唯一的办法是接受心理治疗。但俗话说"江山易改，本性难移"，患者多年养成的生活习惯和人生观，不是单靠家人说教就能动摇或者改变的，只有交由精神病专家来引导。

专家们一致表示，帮助患者摆脱"彼得·潘综合征"的最好办法是迫使他面对现实，为自己的行为承担后果，告诉他："没人有义务承担你所应担负的责任；你要是不去银行交费，没有人会帮你交；你睡着了，没有人会把你叫醒……"刚开始必然是痛苦的，但情况会越来越好。

但我们也需要面对一个问题：成长如同死亡一样，是每个人都无法逃避的。既然一定会到来，何不欣然接受它？

一般来说，青年人患"彼得·潘综合征"的概率比较大，当然也有40岁以上的患者。在通常情况下，能够第一时间察觉到此症状的人，是患者的配偶和周围朋友，但他们往往不愿承认这一点。

马塞拉的丈夫爱德华多就是一个典型的"彼得·潘综合征"病人。

作为家中独子，爱德华多同母亲的关系异常亲密，两人每天都要在一起吃饭。爱德华多和母亲过于亲密的关系，也是马塞拉提出离婚的另外一个重要原因。为照顾孩子，马塞拉先前辞掉了工作专心待在家里，又当爹又当妈。而更令她烦恼的是，她还必须同婆婆争夺爱德华多的注意力，这使她心理不堪重负。

现在，马塞拉和两个孩子在一起生活，而爱德华多则又搬回去同母亲一起住。就算是家庭破裂这么大的事情，也没能让爱德华多变得成熟一点。

人的成长，如同由虫茧蜕变成美丽的蝴蝶。过度的爱，不但不会有所帮助反而可能带来极大的伤害。曾经有一个生物学家说："飞蛾在作蛹之时，翅膀萎缩不发达；出茧时，必须经过一番挣扎，身体中的体液方能流到翅膀去，两翅膀才能有力在空中飞翔。"说的就是这个道理。

有一个人，在路上恰巧看见树上一只虫茧开始活动了。他什么都没想，整个早晨就等在旁边观察。蛾在里面奋力挣扎，还是不能挣脱，似乎再也没有可能出来了。最后他失去了耐心，于是就用一把剪

刀把茧上的丝剪了一个小洞，让它可以稍微容易一些。果然，没有一会儿，蛾儿很容易地爬出来，可是身体反常臃肿，翅膀也异常萎缩。

看到这一结果，他才知道，他并不是在帮助那只蛾儿，反而是害了它。那只蛾儿，非但不能飞翔空中来呈现它的美丽；反而很痛苦地在地上爬一会儿，然后慢慢死去。

人要成长，就必须要经历一些艰辛的过程，只有学会承担，才能够真正成长起来，或许人生之路上会有很多苦痛挣扎，但是只要我们多一点毅力和坚持，我们迟早都会登上成功之峰。

情商的世界

◎ 不被完美所累

一个人如果对自己和他人的要求过高，总是追求完美，我们就称这种性格为"完美主义"。完美主义的性格首先表现为固执、刻板、不灵活，给自己或他人设定一个很高的标准，非要达到不可，受到挫折，就感到很痛苦，不能接受。

追求完美固然可贵，但是，我们必须清楚地知道，这个世界上从来就没有绝对的完美。过去没有，现在没有，未来也不会有。我们可以按照自己的意愿去定义完美，但是如果要达到完美的真实意义那是绝对不可能的，所以，从这个意义上来说，过分追求完美，无疑与偏执没有什么差别，不但得不到好处，反而可能失去更多。

某著名汽车制造公司的总经理就是一个追求完美的人，虽然他们公司的销售业绩还不错，但离他的高标准还是有些差距，他因为不能忍受这一点，竟然跳楼自杀了。

还有一位软件设计工程师，在编程序时，要求自己像写古诗一样，把字节写的都一样长，结果他日日夜夜地苦思冥想，如何才能做到这样，其工作效率和成果可想而知。

在我们的生活中，这样的例子比比皆是。比如，有的人要求自己的孩子利用所有的时间学习，不要贪玩，结果孩子很反感，产生逆反心理，厌学逃学，总也玩不够。

所以，完美主义的人应该把目标和方法订得灵活一些，要有一种"退一步海阔天空"的心理准备，这条路不行可以走那条路，不要在一棵树上吊死，钻牛角尖。

期待别人完美是不公平的，期待自己完美则是愚蠢荒唐的。

完美主义的人往往不愿意接受自己或他人的弱点和不足，非常挑剔。有的人没有什么好朋友，总也找不着对象，和谁也和不来，经常换单位，为什么？那是因为他谁也看不上，甚至会因为别人的一些小毛病，而忽略了别人的主要的优点。有的人不允许自己在公共场合讲话时紧张，更不能容忍自己紧张时不自然的表情，一到发言时就拼命克制自己的紧张，结果越发紧张，形成恶性循环。有人不允许自己身体有丝毫不舒服，经常怀疑自己得了重病，经常去医院检查。其实，每个人都有缺点和不足，都会有紧张、不适的体验，这是正常的表现，必须学会接受它们，顺其自然。如果非要和自然规律抗拒，必然会愈抗愈烈。

完美主义的人表面上很自负，内心深处却很自卑。因为他很少看到优点，总是关注缺点，总是不知足，很少肯定自己，自己就很少有机会获得信心，当然会自卑了。不知足就不快乐，痛苦就常常跟随他，周围的人也一样不快乐。学会欣赏别人和欣赏自己是很重要的，是使人更进一步实现下一个目标的基石。

完美主义的人容易只顾细节而忘记了主要目标，让别人觉得他"捡了芝麻丢了西瓜"。工作常常因此而没有效率。许多时候你要让自己"豁出去"。

为了不苛求完美，我们必须学习喜欢自己，必须培养出面对缺点的耐心。这并不意味着我们必须降低标准，变得懒惰、糊涂或不再尽心尽力。而是表示我们必须了解一个事实：没有人——包括我们自己——能永远达到100%的成功率。

所以说，要求自己保持完美是一种残酷的自我主义。那表示，我们不仅是要令自己表现得和别人一样好，而是要超越其他人，要像明星一样闪闪发亮。我们的重点不是自我发挥，不是为了把事情弄好，而是要胜过别人，使自己达到傲视别人的地位。

作为一个人，即使拥有完美主义，也如同一般人一样会犯错，会失败。只是他们不能忍受这样的状况，不愿意接受这样的事实。因此会变得痛恨自己，不喜欢自己。这是十分不明智的行为。我们千万不要这么苛待自己。我们要练习自我放松，自嘲自己的某些错误，要学习喜欢自己。

有一个姑娘，叫卡丝·黛莉，一直想当个歌手，不幸却长了满口暴牙。

第一次公开演唱的时候，为了显得有魅力，她一直想用上唇盖住突出的门牙，看起来十分可笑，结果演出失败了。

有个人听了她的演唱，认为她很有天赋，便坦率地告诉她："我知道你不喜欢自己的那口牙齿。但那又有什么关系呢？张开你的嘴巴，只要你自己不以为耻，观众是不会在意的！"卡丝·黛莉接受了他的建议，从此，她演唱时关心的只是观众和自己唱歌的表现，而不是自己的牙齿，后来，她终于成了著名的歌星。

人为什么会产生完美主义呢？

据研究，完美主义性格的形成和早期教育有很大关系，但成年后还是可以有意识地调整的，你要学会对自己和他人"睁一只眼，闭一只眼"，这样才能看到生活中美好的东西。

美国心理学家纳撒尼尔·布兰登曾经讲过这样一个他切身经历过的故事：

许多年前，一位24岁名叫洛蕾丝的女孩，无意中读了他的一本书，找他来进行心理治疗。洛蕾丝有一副天使般的面孔，可骂起街来却粗俗不堪，她曾吸毒、卖淫。

布兰登说，我讨厌她做的一切，可我又喜欢她，不仅因为她的外表相当漂亮，而且因为我确信在堕落的表象下，她是个出色的人。起初，我用催眠术使她回忆她在初中是个什么样的女孩子。她当时很聪明，但是不敢表现自已，怕引起同学的嫉妒。她在体育上比男孩强，招惹来一些人讽刺挖苦，连她哥哥也怨恨她。我让她做真空练习，她哭泣着写了这样一段话：你信任我，你没有把我看成坏人！你使我感到痛苦，也感到了期望！你把我带到了真实的生活，我恨你。

一年半后，洛蕾丝考取洛杉矶大学，在那里学习写作，几年后成为一名记者，并结了婚。10年后的一天，布兰登和她在大街上邂逅，几乎认不出她了：衣着华丽，神态自若，生气勃勃，丝毫不见过去的创伤。寒暄后，她说："你是没有把我当成坏人看待的那个人，你把我看作一个特殊的人，也使我看到了这一点。那时我非常恨你！承认我是谁，我到底是什么人，这是我一生中从未遇到的事。人们常认为承

认自己的缺点是不容易的事，其实承认自己的美德更加困难。"

为什么我们不容易真正做到放弃完美、自我接受？因为自我肯定这个事实，使你必须真正保持清醒的头脑。振作情绪，抓住机遇，迎接生活的挑战，这就是自觉的生活，积极的心态。如果我们对朋友没有诚意，即不能自我接受、自我肯定，自己也会产生被遗弃的感觉。由此可见，自我接受是自信的意识和勇敢的行为！

法国大思想家卢梭说得好："大自然塑造了我，然后把模子打碎了。"这话听起来似乎有点玄乎，其实说的是实在话，并不适用于每一个人，可惜的是，许多人不肯接受这个已经失去了"模子"的自我，于是就用自以为完美的标准，即公共模子，把自己重新塑造一遍，结果彼此就如此相似，失去了自我。

没有自我接受、自我肯定这个先决条件，我们怎么会改进和提高呢？比如怎么看待自我形象？

你站在一面试衣镜前，观察自己的面孔和全身。你可能喜欢某些部分，而不喜欢某些部分。有些地方可能不怎么耐看，使你感到不安，如果你看自己不喜欢的样子，请你不要逃避，不要抵触，不要否认自己的容貌。这个时候你就需要放弃完美，放弃"公有化"的标准，而用自己的标准来看待自己。否则你就无法自我接受、自我肯定。

应当怎么办？你要用自己的眼光注视镜子里边的自我形象，并试着对自己说："无论我的什么缺陷，我都无条件地完全接受，并尽可能喜欢我自己的模样。"你可能想不通：我明明喜欢我身上的某些东西，我为什么要无条件地完全地接受呢？

接受意味着接受事实，是承认镜子里的面孔和身体就是自己的模样。接受自己承认事实，你会觉得轻松一点，感到真实和舒服了。时间不长，你就会体会到自我接受与自信自爱之间相辅相成的关系。我们学会接受自我，才会构建属于自己的头脑。

　　"成为你自己！"这句格言之所以知易行难，道理就在于此。失去了自我，失去了个性与自我意识，你还谈什么改进和提高呢？

　　真正要面对成功，就必须学会放弃完美，不求完美，因为我们的确不是完美无缺的。这是一个令人宽慰的事实，我们越是及早地接受这一事实，就越能极早地向新的目标迈进，这是人生的真谛。

情商的世界

◎ 超越自我

在自我的世界中，超越自我是自己对自己的战斗，是巅峰对巅峰的飞跃，质和量都必须具备最强的突破力，这是一个永不停息的自救行动。

一个人迈向成熟的第一步应该是敢于承担责任。而且，真正成熟的个性，是能够洞察自己的弱点的，能够有意识地寻找知识和力量来克服它，从而有效地解脱自身的束缚。我们生活于世，就要面对生命中的许多责任。比如，把自己的生活改造得更美好，而不是整日沉溺在自怜的深渊中。

有一日，一个小女孩想将一把小椅子搬到厨房里去，因为她想站上去要拿冰箱里的东西。父亲看到这一情景，急忙冲过去，但还是没能阻止她从椅子上摔下来。当父亲扶起她，看她摔伤没有时，只见小女孩向那张结结实实的椅子狠狠地踢了一脚，并且还十分生气地骂道："就是你这坏家伙，害得我摔倒了！"

如果你留心一下幼儿的生活，你一定会听到或见到更多类似的故事。

对孩子们来说，他们的这种行为是极其自然的。他们喜欢责怪那些没有生命的东西，或是毫不相干的人物，似乎这样就可以减轻自己跌倒的痛苦。当然，他们的这种表现是正常的。

但是，假如这种反应成为模式和习惯，一直持续到成人期，那就麻烦了。自古以来，人们就普遍存在着一种诿过于人的不良倾向。偷吃了禁果的亚当，最后就把过错全都推到夏娃身上："就是那妇人引诱我，我便吃了。"

前面我们说过，我们活在这个世上，就要敢于面对生命中的许多责任，这就意味着我们绝不可在受伤或跌倒的时候，像孩子一样去踢椅子出气。

那为什么有如此众多的人都喜欢诿过于人呢？

仔细想想，我们似乎也能理解，因为责怪别人比自己担负起责任肯定要容易得多。想想你自己，你是否经常喜欢责怪父母、老板、师长、丈夫、妻子或儿女，我们甚至喜欢责怪先祖、政府，以及整个社会，甚至责怪自己不应该来到人世。

对那些不成熟的人来说，他们永远都可以找到一些理由——当然是外部环境的理由——以解脱他们自身的某些缺点或不幸。比如，他们的童年极为穷困、父母过于贫苦或过于富有、教导方式过于严格或过于松懈、没有受过教育或健康情况恶劣，等等。

也有人埋怨丈夫或妻子不了解自己，或是命运与自己作对，等等，生活中每天都发生着千奇百怪的事情，面对这些，你有时不禁要感到奇怪：为什么这整个世界要一致起来欺负这些人呢？对这些人来说，他们从没想到要去克服困难，而是先去找一只替罪羔羊。

一天，卡耐基培训班里的一名学员，在下课之后跑来找卡耐基。那天，他们的课程是训练学员记忆别人的姓名。

情商的世界

那位学员向卡耐基这么说道："我希望你不要指望我能记住别人的姓名，这正好是我的弱点。我一向记不住别人名字。"

"为什么呢？"他问道。

她说："这是我们家的遗传。我们家族的记忆力一向都不好，所以，我也不期望在这方面有什么改善……"

卡耐基诚恳地说道："小姐，你的问题不在遗传，而是一种惰性。因为你认为责怪家族的遗传要比努力提高自己的记忆力要容易得多。请你坐下，我来证明给你看。"

于是卡耐基帮助她做了几个简单的记忆训练。由于她十分专心，因此效果良好。当然，要她改变原有的观念仍然需要一些时间，由于她愿意接受他的建议，终于克服了困难，逐渐地提高了记忆力。

我们都知道，为人父母者，多半会遭到儿女的抱怨，除了记忆力衰退之外，还有各种大小事情，从掉头发到日常生活的许多挫折，等等。

举例子来说，一名年轻女子，她常常抱怨自己的母亲如何影响她的一生。

原来，在这个女孩还很小的时候，父亲因病去世，守寡的母亲只得外出工作，以维持生活并教育年幼的女儿。由于这位母亲能干又肯努力，因此后来成为极有成就的女实业家。她细心照护女儿，让女儿受最好的教育，但结果却并不如人意。她的女儿把母亲的成功视为自己最大的障碍！

这个可怜的女孩说："我的童年完全被毁坏了，因为我随时处在

一种'与母亲竞争'的生活状况里。"

然而，她的母亲却迷惑不解地说道："我实在不了解这孩子。这么多年来，我一直努力工作，为的就是想给她一个比我更好的机会，创造更好的条件，但实际上，我只是给她增添了压力。"

其实，这不是母亲的错，母亲努力追求成功，是为了给孩子更好的成长环境。而孩子将母亲视为自己前进路上的障碍，只是孩子无法超越自我的一个表现。

如果说这个女孩说的有道理，那么像乔治·华盛顿，他虽然没有高贵出身或功绩显赫的父母，但他一样能推动历史，成为举世闻名的人物；亚伯拉罕·林肯，他幼年的物质条件极为匮乏，一切须靠辛勤劳动，这也没有对他产生什么不良影响。而且林肯也没有想着去责怪他人。

林肯曾在1864年这样说道："我对美国人民、基督教世界、历史，还有上帝最后的审判——均负有责任。"这可以说是人类史上最勇敢的宣言。

因此，除非我们也能在其他人面前以同样的勇气承担下自己的责任，否则我们就还不算成熟。

目前，最简单、也最流行的一种逃避责任的方法，就是去找一位心理医生，然后躺到他的诊疗椅上，花一整天时间谈论我们的种种问题，以及为什么我们会变成目前这个模样。事实上，真正的自由就是能够超越自我的人独享的乐趣，往往在别人不易察觉的一刹那，你就已经赢得了一个更坚强更卓绝的自我。

◎ 向困难挑战

拿破仑·希尔认为，环境不可能束缚个性，任何人只要能够在现有的环境中执着于自我的实现，最终都可以突破环境。也就是说，从最糟糕的环境中，也能造就出优秀的自我形象。

然而，在现实生活中，很多人只限于对于现存自我的抱怨和愤恨中，似乎成功只有舒适的、合乎个人状态的环境中才能实现，而不去积极主动地在现在的状态中，幻想实现更高的自我形象。

假如每个人成天都认为环境不好，当然就会把自己的过失归诸"缺陷"或种种其他原因。这是一个人不成熟的表现。

而且，一个不成熟的人，随时可以把自己与众不同的地方看成是缺陷、是障碍，然后期望自己能受到特别的待遇，成熟的人则不然。

不成熟的人自然也不愿意承担责任，对他们来说，困难则成了最好的挡箭牌。你也会听过许多人把失败原因归咎于没有受过大学教育——对这些人来说，假如他们真的上了大学，他们仍能为自己找出许多理由。而一个真正成熟的人则不会如此，他们会想办法去克服困难，而不是找借口去规避困难。

有一次，亚历山大·贝尔向朋友约瑟·亨利抱怨自己的工作不顺利，认为那完全是由于自己缺乏有关电机方面的知识。

约瑟·亨利是华盛顿区一家工学院的校长，他虽然同意贝尔的说

法，却没有向贝尔说："真不幸，亚历山大，你没有机会学习电机课程真是太不幸运了！"

他也没有告诉贝尔该如何去申请奖学金，或如何向父母请求帮助。他只是简短地告诉他："去读吧！"

亚历山大·贝尔果然就去攻读有关电机的课程，最后并成了历史上对传播科学极有贡献的人。

那么，贫穷会不会是最有力的失败理由呢？

IBM的董事长托马斯·沃森，年轻时曾担任过簿记员，每星期只赚两美元；美国总统赫伯特·胡佛是爱荷华一名铁匠的儿子，后来又成了孤儿……这些著名的成功人士，曾经都是一贫如洗，但是，他们都没有认为贫穷是他们成功的最大障碍。他们把所有精力都用在工作上面，因此根本没有时间去自怜。

罗伯特·路易·史蒂文森一生多病，却不愿让疾病影响自己的生活和工作。与他交往的人，都认为他十分开朗、有活力，并且所写的每一行文字也充分流露出这种精神。由于他不愿向身体的缺陷屈服，因此能使他的文学作品更多彩，更丰富。

历史上，许多举世闻名的人物都有身体上的缺点，如：拿破仑是有名的矮子，莫扎特患有肝病，拜伦长有畸形足，朱利亚斯·恺撒患有癫痫症，贝多芬后来因病成了聋子，富兰克林·罗斯福则是小儿麻痹症的病患者，而海伦·凯勒更是从小就又聋又盲。

谈到女演员，我们不能不提到"女神莎拉"。莎拉是个私生女，而且长得并不出众，因此童年时代饱受折磨，生活似乎完全没有指

望。但她克服重重困难，后来终于成为舞台上不朽的传奇。

有一个男孩，长得十分高大英俊，就是自小患有口吃。从小学开始，他的父母就为他找过许多心理专家和口吃治疗专家来帮忙，却没有什么成效。

虽然男孩口吃，但是他在学校里的成绩一向很好，也很受同学欢迎。一天，男孩回家告诉父母，他将代表全体毕业学生在毕业典礼上致辞。然后，男孩并兴致勃勃地开始准备讲稿。男孩的父母亲也提供不少意见帮助他准备讲稿，但一直都没有提到该如何在演讲时避免口吃的毛病。

毕业典礼终于来临。当天晚上，男孩起立开始发表演讲。他站得挺直、端正，会场观众都鸦雀无声地注视着他，因为许多人都知道男孩患有口吃的毛病。男孩一开始讲得很慢，但很有信心，接着便很顺利地把15分钟的演讲说完，没有丝毫凌乱或迟疑的地方。等他讲完之后，全场报以热烈掌声，因为大家都知道，男孩一直都在努力克服自己的缺陷和困难，理当得到应有的掌声和赞美。

看了这个故事，我们都不免会受到鼓舞。没错，困难人人都会经历，但是这不能说明我们就是不幸的，只要我们能够像小男孩一样，克服困难，我们就能提高自我，走向成功。其实，这样的故事还有很多，比如下面这个：

住在新泽西的卡尔顿·葛立夫是个生意人。一日，他开车经过莫里镇的一个十字路口，正好见到一名眼盲的少妇牵着一条狗要穿过街道，卡尔顿急忙踩住刹车停了下来。

不多久，一名男士走到卡尔顿的车旁，说他是那名少妇的训练师。

接着，训练师又说："以后请不用紧急刹车，像刚才那样。这狗是训练用来防止发生交通事故，因此，假如每部车子都像刚才一样停下来，狗会以为这是应有的状况，而不会特别警觉。这么一来，一旦有车子不这么停下来，事故便会发生了。"

这个故事留给人极深的印象。不仅是因为那位训练师言之有理，而且是因为得知那名少妇能采用这样的训练来克服自己的缺陷，继续自己正常的生活。

这些人都是具有成熟心灵的人。他们不会陷于自己的困难当中，而是勇敢地去面对它、接受它，然后想办法加以克服、解决。他们不会去乞怜，不会绝望，也不会去找借口逃避。

在这个高速发展的时代，处处强调年轻与活力，致使许多上了年纪的人，不免要感叹自己的"缺陷"。有时，他们会感到自己过时了，就要被丢进废物堆里了。纽约卡耐基训练班里曾经有个身材瘦小、年纪已74岁的女学员，她坦然承认不知该如何度过自己的余生。

这名女学员曾当过教员，一直到强制退休才停止。她的储蓄不多，因此必须时时保持忙碌，这对经济和精神上都十分重要。由于她曾担任过教员，有很多教学经验，因此便到各个幼稚园去讲故事。她的故事都是经过特别挑选，并且用幻灯片来加强效果。于是有人鼓励她把这作为事业来看待。

也许是受到了鼓舞，这名女学生开始了她的晚年事业。她知道，年纪并不是一种障碍或缺陷，相反的，由于多年的教学经验，她现在

情商的世界

有能力把故事讲得更好，更动人。

　　她先去找"福特基金会"，因为这个组织一直很积极推动文化工作。她把计划写下来，内容包括许多为幼稚无知学童所设计的故事节目。她不仅用口讲，并且拿东西让大家看，因此很容易被接受。她充满温馨和富有戏剧性的讲述方式，使她大受欢迎。

　　如今，这名女学员已把自己的热忱和信心带到美国各地，并把欢乐带给成千上万的孩童。她不愿让自己的年纪成为障碍或偷懒的借口，她不说："我太老了，没有办法工作谋生。"相反的，她重新评估自己的能力和经验，然后把构想付诸行动，因此做得非常成功。对这么一位74岁的人来说，成长并没有使她变老，而是变得更成熟。年纪对她不但不是缺陷，反而是一大助力。

　　萧伯纳对那些时常抱怨环境不顺的人很感厌烦。他说："人们时常抱怨自己的环境不顺利，因此使他们没有什么成就。我是不相信这种说法的。假如你得不到所要的环境，可以制造出一个人来啊！"

　　洛埃·史密斯曾写过一本极富鼓舞性的传记《一个完整的生命——在死神的门口》，写的是有关艾莫·赫姆的故事。艾莫·赫姆出生在俄亥俄州的亨特维，当时他的医师如此说道："这婴儿活下来的机会不大。"

　　但是赫姆还是活下来了。虽然90年来，他因右半身严重受伤而时常痛楚不已，但他始终没有向死神屈服。由于他不能从事劳力工作，便转而努力阅读。1891年，也就是他28岁的时候，他成了卫理公会的传道士。他曾历经两次致命的事故，都没有因此而失去信念，反而引

起有名的巧克力制造商约翰·惠勒的注意，在经济上加以援助。几个月之后，这位倒在死神门口的传道士，顺利地出了院。

艾莫·赫姆开始兴建教堂、募集传道基金，并时时帮助当地的学校和医院。这名"单肺传教士"募集了将近300多万美元，以从事他认为有意义的慈善活动。到了69岁的时候，他"告老退休"，但还是继续不断工作。他又举办了上千次的讲道、写了两本书、为教会和其他慈善机构募集了50万美元，并且担任20余所专业学校的董事，个人并曾捐助5万美元以兴建在加州大学附近的一所教会。

艾莫·赫姆不知"缺陷"这两字的意思，他只知道自己有生命，而且这生命有个目的。他已充分使用了自己有生的90多岁时光，并使自己的名字成为"勇气"的代名词。

无数事实告诉我们，不埋怨环境，不埋怨过失，也不责怪自己的缺陷，只要有足够的胆量和信念，然后始终坚持，我们都可以成功。

在我年轻的时候，常因自己长得比别人矮而气馁不已。但是几年之后，我才明白，身高跟其他许多与生俱来的条件一样，可以有好处，也可以有坏处，完全取决于自己的态度。

假如别人有两条腿，而我只有一条腿；假如别人富有，而我比较贫穷；假如我长得胖、瘦、美、丑、金发、黑发、害羞或进取——无论哪一点使我与众不同，都很可能成为我的缺陷，但是，这一切都是只在别人眼中，无论别人怎么说，怎么看，那是别人的自由，只要我们自己不这么认为，这一切就都不是问题！

因此，不要在乎困难，也许它是一种幸运的开始。

◎ 永远相信自己

每一个自我都必须于不断地更新之中，经常进行新的自我策划，就可以在不断的成长中脱胎换骨，生命的品质也会在这不断的变化中趋向更高的境界。

假如有人告诉你，你的一切麻烦，均来自幼年时期不正常的待遇，如有一个占有欲过度的母亲，或有一个过度专制的父亲——假如这样的说法能让你觉得舒服，并且价钱又付得起的话，我倒不反对你就这么样一辈子依靠心理医生的支持。

威廉·戈夫曼医师曾写过一篇极精彩的论文《乳儿精神病学》。文中提到目前日益增多的"心理密医"，是如何把大家宠坏了。戈夫曼医师指出，许多向心理医生求助的人，通常喜欢"为自己的弱点及与世俗格格不入的行为，找出一个心理学上的借口。"这样，他们就似乎得到了某种精神上的安慰。当心理学一直为那些不能面对成人世界的人寻找托词的时候，更有许多人继续把他们的诸多困难，归咎于外在的各种因素。

在16世纪，或者较早时期，星相学是人们热衷的对象。"我的生辰八字不好"或"没有一颗幸运的行星护佑我"，等等，是人们对许多困难或不幸最常做的解释。

但是，莎士比亚在《恺撒大帝》一剧当中，却让罗马名将恺撒说

出如下的话："亲爱的布鲁塔斯，这过错并非由于我们所属的星辰，而是我们有一种听命的习惯。"

假如你相信《圣经》中对耶稣事迹的描述，你便会明白耶稣最引人注意的品质之一，便是他择善固执、毫不妥协的性格。当有人找他帮忙或医病的时候，他不会浪费时间去细查对方的潜意识，或去找出人或事该为此人目前的困境负责任。

"拿起你的被褥回家吧！不要再犯罪，你的罪已被赦免……"

英国的都铎王朝有个奇怪的习俗，就是皇家的小孩都会请一名所谓的"挨鞭子的男孩"。由于冒犯皇族是大逆不道的行为，因此，皇家的小孩也不可随便侵犯。但小孩难免都有顽皮不守规矩的时候，为了让孩子谨守不冒犯皇族的规定，便用钱请来一个"替罪羔羊"，以承受皇家小孩应受的责罚。据说这种职位还相当热门，许多人都抢着要做。这不仅因为可以拿到报酬，还因为可以为以后进入皇家工作打好基础，因此这成为许多人追逐的目标。

当然，当今社会已经不存在这种行业，但对许多幼稚或不成熟的人来说，这种"替罪羔羊"的形式却仍然存在。假如他们找不到人可以当作责怪的对象，还可以责任多变的时代、现代生活的不安全感、国际形势的混乱及其他耸人听闻的情况等等。

前不久，我和一位朋友一起参观一个书画展。那位朋友时常自诩对现代艺术十分了解。我们当时看到一幅画，作风十分草率，便无意中对那位朋友说出了自己的感觉："我家里有个3岁小孩，搞不好可以画得比这更好。假如这是艺术，我便是米开朗琪罗了。"

朋友回答道："你对人类精神的痛苦，难道没有丝毫感觉吗？这位艺术家所要表现的，是原子时代人类所受的压力与迷惑。"

果真如此，人们随时都能为自己找一个"替罪的羔羊"。就连一位画得不知所云的艺术家，也可以把自己的无能归罪于原子时代！但有一件事是确定的。假如原子时代能对人类带来任何希望或满足，而不是破坏或死亡的话，则我们需要的是坚强、成熟的个人，即那些能够，而且愿意为自己行为承担责任的人。

对那些希望自己不仅是长大，而且是迈向成熟的人来说，他们最应该记住这个法则：要承担自己行为的后果，要为自己的行为负责，而不是光踢椅子。

许多人都会犯这样的错误，一辈子都没有收获。他们只会盲目地跟着别人兜圈子，却与唾手可得的成功擦身而过。他们为什么用这种方法做事呢？理由只有一个——别人都这么做。

美国的老人院有一个有趣的现象：

假日或具有特殊意义的日子来临之前，死亡率就会骤然降低，许多人立下目标要再多活一个圣诞节、多活一个结婚周年或多度过一次国庆，等等。但是节日不定期，目标达到了，活下去的意愿就降低了，死亡率也急速上升。

当我们有生活有目标时，生命的延续才有意义。人人都知道目标的重要性，但是一般人仍然大多过着漫无目的的生活。

已故的麦斯威尔·莫兹写过一本值得仔细体味的书叫《心理神经机械学》，书中文字浅显优美，其境界却耐人寻味。菲兹认为，人和

脚踏车一样，如果不持续朝着目的地前进，就会摇摇摆摆地倒下来。

因此，我们要永远相信自己，要习惯在自我超越中享受成功的喜悦。要坚信，前方还有一个更棒的自己在等着你的到来。

情商的世界

◎ 不要为打翻的牛奶而哭泣

人是很奇怪的动物，我们通常都能很勇敢地面对生活里那些大的危机，可是却会被一些小事情搞得垂头丧气。

比如，曾经有一个犯人走上断头台的时候，他没有要求别人饶命，却要求刽子手不要一刀砍中他脖子上那块有伤的地方。

检察官说："我们处理的刑事案件里，有一半以上都起因于一些很小的事情：为一些小事情争争吵吵，讲话侮辱别人，措辞不当，行为粗鲁，在酒吧里逞英雄，等等。就是这些小事情，结果引起伤害和谋杀。

"人之初，性本善。其实很少有人真正天性残忍，一些犯了大错的人，都是因为自尊心受到小小的损害，一些小小的屈辱，虚荣心不能满足，结果造成世界上半数的伤心事。"

罗斯福夫人刚结婚的时候，她忧虑了好多天，因为她的新厨子做饭做得很差。但是后来罗斯福夫人说："可如果事情发生在现在，我就会耸耸肩把这事给忘了。"这才是一个成年人的做法，就连凯瑟琳女皇——这个最专制的女皇，在厨子把饭做得不好的时候，通常也只是付之一笑。

在法律上有一条这样的名言——"法律不会去管那些小事情。"法律如此，我们人也一样，一个人，如果他希望求得心理上的平静，

也不该为这些小事忧虑。

大多数时间里，要想克服因为一些小事情所引起的困扰，只要转移一下自己的注意力和重点就可以了，这样做会让你产生一些新的开心的想法。

一位作家在写作的时候，常常被公寓热水器的响声吵得快发疯。蒸汽会砰然作响，然后又是一阵刺耳的声音——而他会坐在书桌前，气得直叫。

有一次，他和几个朋友一起出去露营，当他听到木柴烧得很响时，他突然想到：这些声音多么像热水器的响声，为什么自己会喜欢这个声音，而讨厌那个声音呢？

等他回到家后，就对自己说："火堆里木头的爆裂声，是一种很好听的声音，热水器的声音也差不多，我该埋头大睡，不去理会这些噪音。"

结果，他做到了。虽然前几天他还会注意热水器的声音，可是不久后，他就彻底忽略它了。

很多时候，我们会有很多小的忧虑，因为我们不喜欢一些事情，结果弄得整个人很颓废，只不过因为我们都夸张了那些小事的重要性。

狄士雷利说过："生命太短暂了，不能只顾小事。"我认为这句话说得非常有道理。

有这样一个有趣的小故事：

在科罗拉多州朗峰山坡上，躺着一棵大树的残躯。自然学家告诉我们，它曾经有400多年的历史。初发芽的时候，哥伦布才刚在美洲登

陆。第一批移民到美国来的时候，它才长了一半大。在它漫长的生命里，曾经被闪电击中14次；400年来，无数的狂风暴雨侵袭过它，它都能战胜它们。但在最后，一小队甲虫攻击这棵树，使它倒在了地上。那些甲虫从根部往里面咬，由于受到持续不断的攻击，渐渐伤了树的元气。

这样一个森林里的巨人，岁月不曾使它枯萎，闪电不曾将它击倒，狂风暴雨没有伤着它，却因为一小队用大拇指跟食指就能捏死的小甲虫而终于倒了下来。

我们岂不都像森林中那棵身经百战的大树吗？我们也经历过生命中无数狂风暴雨和闪电的攻击，但都撑了过来。可是我们有些人却让自己的心，被那些用大拇指和食指就可以捏死的忧虑的小甲虫咬噬。

即使对于仅仅发生在180秒之前的事情，我们可以做的也唯有想办法来改变这些事情所产生的影响，而不能去改变当时所发生的事情。唯一可以使用的错误有价值的方法就是平静地分析我们过去的错误，并从错误中汲取教训——然后把错误忘掉。

正如莎士比亚所说："聪明的人永远不会坐在那里为他们的损失而悲伤，却会很高兴地想办法来弥补他们的创伤。"

去过监狱的人只要仔细观察都会发现，大部分囚犯看起来都和外面的人一样快乐。虽然他们刚进监狱的时候，都心怀怨恨而且脾气很大，但是经过几个月后，大部分比较聪明一点的人都能忘掉他们的不幸，安定下来承受他们的监狱生活，尽量让自己过得更好。

当然，犯了错误和发生疏忽都是我们的不对，可是又怎么样呢？

谁没犯过错误？就连拿破仑，在他所有重要的战役中也输过1/3。也许我们的平均记录并不会坏过拿破仑，谁知道呢？何况，即使动用世界上所有的力量，也不能把已经过去的挽回。因此，为什么要浪费眼泪呢？

不要让自己因为一些应该抛弃和忘记的小事烦心，要记住：生命太短促了，不要再为小事烦恼。用一句老话来说，那就是：不要为打翻的牛奶而哭泣。

情商的世界

第五章
情商提高洞察力

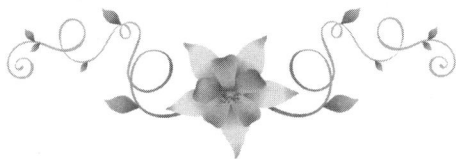

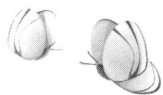

　　洞察力是一个人应该具备的一种比较重要的能力。没有这种能力的人，不会察言观色，不懂得识别人心，别人说什么做什么，就是什么，听不出，也看不出别人的话外之音。在与人交往的时候，我们只有具备了一定的洞察力，才能"深入人心"，知其所想。

◎ 学会察言观色

在很多古装电视剧中，我们经常会看到一些大臣向君主进谏的时候，一般都会将自己放在较低的位置，这样便于知道君主的真实想法。因为一个人的想法往往会通过他的态度及动作流露出来，只要仔细观察他人，也就是学会察言观色，便可以了解他人的想法。不至于彼此间因为意见不合而发生不愉快。

春秋时期的齐国宰相管仲深明察言观色之道，等到适当的时机再从旁进谏。但是有一次，他稍不小心，还是触到齐桓公的"逆鳞"。

当管仲审核国家预算支出的情况时，发现宴客费用居然占了总支出的2/3，其他部门的经费只占1/3，难怪国家财政捉襟见肘、效率不高。他认为这太浪费，此风断不可长。于是，管仲立刻去找桓公，当着众臣的面说："大王，必须要裁减宴客费用，不能如此奢侈……"

话没说完，没想到桓公面色大变，语气激动地反驳说："你为什么也要这样说？想想看，我们之所以隆重款待那些宾客，是为了使他们有一种宾至如归的感觉，这样他们回国后，才会大力地替我国宣传；如果我们怠慢那些宾客，他们一定会不高兴，回国后也许就会说我国的坏话，总之很难替我们说好话。在我们这里，我们能够生产出粮食，也能制造出物品，为什么还要节省呢？最主要的是，这种节省会影响到我们的声誉！"

"是！是！主公圣明。"管仲见齐桓公如此激动，便不再强争，即刻退下。

　　如果换作一个忠义顽强好辩的人士，有可能就会与其继续抗争下去，可以想象，那样将会有什么后果。

　　在这里，管仲是极其聪明的。他的聪明之处在于他善于察言观色。他从桓公的脸色和语气中，察觉到桓公的心情极为不佳，不会接受劝谏，如果继续争辩下去，只会让桓公更加气愤，所以，自己应做到该进则进、该退则退、当止则止，于是，他不那样在严峻关头继续损害君主的尊严，而是在后来的工作中慢慢影响和说服桓公，使问题逐步得以改善。

　　在与人交往的时候，我们也要向管仲一样，懂得察言观色，无论我们的交谈对象是谁，朋友也好，敌人也罢，我们都要懂得从对方的言谈举止中发现问题，然后选择可以应对的策略，以便使自己处于更加有利的局面。

　　一般而言，在气氛比较和平而友好的交谈中，尤其是面对我们的长辈或者领导的时候，我们要注意顺着对方的心意，不可逆犯对方的忌讳和尊严。否则，我们不但达不到目的，反而会使自己处于非常尴尬的局面。

　　另外，与朋友和同事相处的时候，我们也要注意他们的细微变化，从他们的变化中，观察他们是否有不对劲的地方，然后小心应付。因为谁都有不顺心的时候，我们如果不注意对方这些情况，有可能就会惹得对方生气，伤了大家的和气。在生活和工作中，这样的事

情很常见，这里便不再赘述。

所谓"出门观天色，进门看脸色"，特别是在求人办事时，只有善于从对方面部表情作出准确判断，然后再付诸行动，这样才会有成功的可能。

总之，察其言，观其色，这是了解对方的真实心理的一个重要方法，我们如果掌握了其方法和技巧，便可以在人际交往中赢得更好的人缘，让自己拥有更加广泛的人脉，进而为事业上的成功做好准备。

第五章 情商提高洞察力

◎ 通过话语洞察人心

一个人说话的语速在某种程度上往往能够反映出他的想法。说话速度一般能体现人的伶俐与迟钝，但当人有烦恼或恐惧时，说话速度必然加快。

一般说来，对人怀有敌意的时候，语速会放慢，是因为自己知道不能与对方进行深入交往，所以要给对方一种不会说话，或者不愿意与之说话的感觉。而当有人心怀愧意或想要说谎，说话的速度往往会快得吓人，特别是想取得对方谅解时，不仅速度加快，还会找些话题以图亲近。

在正常的情况下，在一般人的深层心理上，如果怀有不安和恐惧情绪时，说话的速度会加快，他希望借着快速的谈吐，来缓解自己内心潜伏的不安或恐惧；如果有人平时沉默寡言，却突然不大自然地能言善辩起来，那么他内心里一定是隐藏着某种不能为外人道出的秘密；当一个提高说话的音调时，即表示他想压倒对方。高昂的音调只能象征精神的不成熟，它很容易使人情绪激动，并陷入口角与争执的状态里。

有一种人，永远都有说不完的话题，即使想要告一段落，也得花费相当长的时间，这表示，在说话者的内心深处潜伏着一种唯恐话题即将说完的不安与担忧，所以他会尽可能地拖延时间，尽量让话题继

情商的世界

续下去。此外，还有很多时候，有一些人喜欢在句尾加入某种暧昧不明的语气，这是有意想逃避自己的责任的表现。

　　每个人的说话速度都是不同的，所以，说话语速也是人的一种特征，是一个人与生俱来的气质。这种气质，是我们在平日与人交往中锻炼所形成的。从某种意义上来看，一个人异常的说话速度常常与内心的思想有很密切的联系。比如，平时能言善辩的人，突然变得口吃起来，或者相反，平时说话不得要领的人，突然说得头头是道，这就要注意是否发生了什么事情，影响他们，以致他们的心里发生了重大变化。

　　曾经有一位评论家说："男人在外面拈花惹草之后，回家时往往会突然对妻子滔滔不绝地说很多话。"当然，这个只有当事人最知道其中的秘密。但是，按照我们平时的经验来看，这是一种很合乎规律的现象。

　　为什么这么说呢？因为一般人的深层心理有烦恼不安或恐惧等感情时，说话速度都会快得异乎寻常，以此自欺欺人，缓和内心的不安与恐惧。但是，由于没有冷静地思考，所以，即使说得滔滔不绝，内容却空洞无物。倘若女方是个感情细腻的人，必定可以看出他内心很不平静。

　　在工作场所也一样，平时沉默寡言的人，如果突然话多得令人感到不适应，那就说明此人一定有了不愿他人知道的秘密，所以一直试图以各种话来遮掩和躲避。

　　声调与说话速度一样，也是人的语气特征之一。当人的思想处于

激动状态时，声调往往会提高。就如上述丈夫拈花惹草的例子一样，如果妻子知道了丈夫出轨的事，当妻子质问丈夫的时候，丈夫对妻子辩解时声音一定会提高。某位作曲家也曾说："要提出与对方相反的意见时，最简单的办法就是提高音量。"的确，这是常见的现象，人们在坚持自己的意见时，都想提高自己声调来压制对方，而且音量也会随之增大，相互争执的结果，必然闹得不可开交。

声音的频率较高乃是幼儿时的特色，被认为是任性的形态之一。一般人随着年龄的增长，音频会越来越低，因为人的精神成长机制，具有抑制任性的心理功能。换句话说，如果成年人的声音提高，此人的深层心理一定是回到幼年期，即已无法控制自己的任性意识，在这种情况下，别人对他说什么他都听不进去。

然而，如果一个人无缘无故地小声说话，说话没有底气，这表示什么呢？一般来说，这是表示他对该事物缺乏兴趣，或对自己缺乏信心。

在生活中，如果你是一个有心人，仔细留心他人的语速和声调，就可以轻而易举地探知他人内心的想法。

一见如故，这是成功交际的理想境界。无论是谁，如果我们每个人都具有跟大多数初交一见如故的能耐，那肯定就会朋友遍天下，做事也会左右逢源；反之，如果缺乏跟初交者打交道的勇气，不善于跟陌生人交谈，也不懂得处世之道，那么我们就会在交际中处处受阻，事业也就难以成功。

在如今这样一个开放性的时代，对大多数人来说，交际面越来越

情商的世界

广，跟初交者一见如故的交际才能越来越显出其重要性。所以，我们在与人谈话过程中，要注意对方讲话的语气及说话速度，从中了解他们的心理，知其所想，然后才能应对得游刃有余。

第五章　情商提高洞察力

◎ 如何看穿他人心思

在与人交往的过程中，若想成功地控制别人，你要做的第一件事，就是看穿别人的心。只有这样，才能分清哪些人是可以继续交往的，才能摸准他们有哪些地方值得你交往，才能决定你自己应当采用什么样的办法去与他们交往。否则，你将碰到很多麻烦，自己都已经身陷其中了，却不知道自己为什么会掉进来。

但是我们没有读心术，如何才能看穿人心呢？

其实，看穿别人的心，特别是看穿初次相识的陌生人的心，说难也不难。再高明的人，也会在不知不觉中把自己的内心世界暴露出来，只不过暴露的程度、方式有所不同罢了。因此，你应当学会利用自己的眼睛和大脑去观察和分析，通过表象抓住问题的实质。

我们都知道，在与人交流的时候，有言外之意和弦外之音，也就是说，人的说话的语气像脸上的表情一样，传达着言外之意，增强着语言的感染力。

一般来说，人的表情有两种，一种是表现在脸上的表情；另一种是以说话的方式出现的表情。所谓以说话方式出现的表情，即是说话的语气，语气像表情一样，传达着言外之意，充分表达着言者的内心感情，增强说话的感染力。没有表情的呆板话音，就像没有表情的脸一样令人难以理解。事实上，人们都会有这方面的切身体会。比如，

情商的世界

我们经常在给人打电话时，并没有与对方见面，但从对方说话的语气中，却常常可以想象出对方是刚刚起床神智尚未清醒，或是刚洗完澡正在那儿纳凉，或者正专心在做什么事，往往谈话不到30秒钟，就能大体猜测出来。

相反的，没有语气的语音，不仅令人感到不舒服，往往还使人不知所云，难以捉摸清楚其真正的意思。

有一个人曾经打电话到某个外商公司去，一位接电话的女性的声音听起来很有魅力，但接着听下去就感到不对劲，因为她说话冷漠而商业化，对问题作如下回答："很抱歉，我们并没有这种商品……不，我不知道……没有任何关系……是……好。"真拿她没办法。因为像这样的企业都事先准备好了详细的电话应对表，进入该公司的职员，只要能背下来，就可以按统一的模式回答问题，到时候对号入座，照章行事就可以了。应该说，这种办法还比较科学，但确实太呆板了，也影响回答问题的效果。

我们平时说话，都是要表达某种思想和感情，说话的语气，包括声调、速度、抑扬顿挫、感情修饰等，无不是在增加语言的内容和效果。所谓言外之意，除了从表情上看出来，就是从语气中听出来。好的播音员，不仅音色好，还妙在擅长调整语气，从而拨动人们的心弦。相反，像上述公司里的那位女性，尽管声音好，很打动人，但是说话的时候就像机器人一样呆板，难免会让人觉得心烦意乱。

有时，你还会遇到一些心口不一的人，这样，心中所想的和实际说出的话不一致，这时候，如果你想知道对方的真实意图，就要试着从其说话的语气、表情和声调上进行推敲，仔细体会，就能剥开语言的外膜，洞悉对方的真意。

俗话说，路遥知马力，日久见人心。但是，如何能在初次见面时就看穿人心呢？下面为大家介绍几种方法：

第一种方法：从他的眼睛窥视他的心灵。

有些人一旦被别人注视的时候，会忽然将视线躲开。这些人大体上都怀有自卑感，或有相形见绌的感受。初次见面的时候，首先将视线左右瞄射者，表示他已经占据优势。将视线落下来看着对方，乃表示他有意对对方保持自己的威严。抬起眼皮仰视对方的人，无疑是怀有尊敬或信赖对方的意思。视线朝左右活动得厉害，这表示他还在展开频繁的思考活动。无法将视线集中于对方身上，很快地收回自己的视线的人，大多属于内向性格者。

第二种方法：从他打招呼的方式看他的内心。

即使是一个看似简单的打招呼，也能给你制造了解对方内心的机会。你可以看看，以下列举的外在表现与所分析的内心世界是否一致。当然这种分析总会有一些例外，但大体上应该是准确的。

初次见面后，始终都用老套的话向人打招呼或问候的人，具有自我防卫的心理；使劲儿与对方握手的人，具有主动的性格和信心；凡是不敢抬头仰视对方的人，大部分都是内心怀有自卑感的人；握手的时候，如果目不转睛地注视着对方，其目的要使对方在心理上屈居下风，握手的时候，无力地握住对方的手，表示他有气无力，是性格脆弱的人；握手的人时候，手掌心冒汗的人，大多数是由于情绪激动，

情商的世界

内心失去平衡。

第三种方法：从他的癖习看他的特性。

举例来说，有不少女人有搔弄头发的癖习，这其实是一种神经质的表现。凡是涉及有关息的事情时，她们马上会显得特别敏感。应该说，一面说话，一面拉着头发的女性，大体上是很任性的女人。

还有人喜欢在说话时常常用手掩住自己嘴巴，这是有意要吸引对方的一种表现。而如果有人拿手托腮成癖，即表示要掩盖自己的弱点。

此外，双足不断交叉后分开，这种癖习表示不稳定。如果女性具有这一癖习时，就表示她对某位男性怀有强烈的关心之意。

不断摇晃身体，乃是焦灼的表现，这是为了要解除紧张而表现出来的动作。

第四种方法：从人的举动看他的潜台词。

在与人交流的时候，我们往往越是不在意的地方越容易泄露出一个人的真实意图。要知道，人的一举一动，特别是下意识的肢体动作，也能向你泄密。

比如，用双手支撑着下腭，大多数的情况都表示正在茫然的思考中；交臂的姿势表示保护自己的意思，同样地，这种动作也表示要随时反击的意思；用拳头击手掌，或者把手指折曲得卡卡作响，就表示要威吓对方，而不是在进行思考的活动；举手敲自己的脑袋，或用手摸着头顶，即表示正在思考的意识。

◎ 通过性格看人心

性格决定人的命运。一个人能力再强，但性格有问题，就会影响他能力的发挥。而且，人的性格也昭示着人的内心。从心理学的角度来说，神经官能症是大脑神经系统功能的失调，没有器质性病变，不是什么可怕的疾病，但是，患者心理上感到十分痛苦。它的产生除了跟遗传有关外，还与患者的性格有关。要想走出痛苦，重要的是患者应该从调整自己的性格入手，否则无论采取什么手段，都是治标不治本。

心理学家研究发现，不良的性格组合是造成神经官能症的重要原因，例如，敏感、多疑、固执、自卑、内向、急躁、完美主义、以自我为中心、过分关注别人对自己的评价等。所以，患者在调整自己的性格时，应该注意从以下几个方面入手：

1. 增强自信心，不以别人评价为行动标准

有些人特别在意别人怎么看待自己，结果行动畏首畏尾，把自己搞得很紧张，总好像为别人活着似的，例如害怕别人发现自己紧张脸红。其实，别人更注意你对他说什么，而不是脸红，再说，你又不是演员，目的是与人交往，而不是表演，所以即使脸红也不要在乎。这样想开了，做起来也会轻松一些。

情商的世界

2. 培养业余爱好，多参加户外活动

如果每天无所事事，那么自己肯定就会胡思乱想，这时候，我们就要试着去做一些对自己身体有益的活动，不要一天到晚老想着自己的症状。许多神经症患者以前业余爱好很多，患病后整日愁眉不展，根本无心参加任何活动，这样更会造成恶性循环。患者应该强迫自己参加一些文体活动，参加之前你可能觉得没兴趣，但活动之后你的感觉会大不一样。运动能使大脑产生抗抑郁的物质。

3. 知足常乐

如果你对自己要求过高，总不知足，当然很难感到愉快。人在许多时候都需要自然激励，对自己肯定一下。必要的自我满足是进一步的基础。

当然，有些人觉得调整性格说起来容易，做到很难，那就需要求助于心理医生的具体治疗，然后配合自己的调整。

4. 转移注意力

学会将注意力指向外界，不要对自己的内心感受太过于敏感。例如，患有社交恐惧症的人，对自己与陌生人交往时出现的紧张、心跳、脸红、出汗等症状特别敏感，一到社交场合就拼命控制自己，生怕别人看到自己的窘态，结果把自己原本要谈的内容忘得一干二净。其实，患者如果把注意力转移到自己今天要谈什么话题，对方的反应、周围的环境等问题上，情况就要好得多。

爱因斯坦是20世纪伟大的科学家，他用相对论开辟了当代物理学的新纪元。他也是原子时代最伟大的科学家，是有史以来人类历史上

最杰出的知识分子，"爱因斯坦的一生，在人类对宇宙认识的贡献上是无与匹敌的，已被确认为是整个人类历史上的科学巨人。"

但是，伟大的爱因斯坦是孤独的，正如他自己所说的，他是"孤独的旅客"。爱因斯坦曾经这样写道："我实在是一个'孤独'的旅客，我未曾全心全意地属于我的国家，我的家庭，我的朋友，甚至我最亲近的亲人；在所有这些关系面前，我总是感觉到一定距离并且需要保持孤独——而这种感觉正与之俱增。"

孤独性格往往是一种深刻的境界，是一种常人所无法理解的层次，他的孤独是一种状态，是一种力量，是他唯一可感知可把握的。

1879年，爱因斯坦出生在德国的乌尔姆城，父母均为犹太人。爱因斯坦在瑞士读完高中，1905年在伯尔尼大学获博士学位。爱因斯坦先后在德国和美国居住、生活，经历了两次世界大战，更由于他是犹太人，即使他已经是享誉全球的科学家，也难逃遭希特勒纳粹迫害的厄运。纵然爱因斯坦的一生是以辉煌告终的，但是这一切在他的生命中注入了许多坎坷与不幸。

在常人看来，他身上有许多不为人理解的怪癖：他常常忘记带家中的钥匙，甚至在结婚当天的喜宴结束后，他和新娘返回住所时不得不喊房东太太开门。

生活上，爱因斯坦不修边幅，在他获得诺贝尔奖之后仍是这样，头发蓬乱，以至于来求见他的年轻人不敢相信眼前这位就是大名鼎鼎的爱因斯坦。

虽然在移居美国后，爱因斯坦的生活状况有了大的改观，但是他

在装束上依然很随便。他经常穿着一件灰色的毛线衣，衣领上别着一支钢笔，不穿袜子，甚至连面见罗斯福总统时，他都没有穿袜子。

有许多人不知道，爱因斯坦还是一位出色的小提琴手，对音乐有很深的造诣。他的母亲波林是一位具有文化修养的女性，爱好音乐，是爱因斯坦的启蒙老师。爱因斯坦六岁开始学习小提琴，学习小提琴时，他是通过莫扎特的奏鸣曲来学习的，他爱上了莫扎特，小提琴也成了爱因斯坦科学生涯中的终身伴侣和欢乐女神，它为这位科学家驱散了忧郁和喧嚣，驱走了混乱和邪恶。七年之后，他懂得了和声学和曲式学的数学结构。

爱因斯坦认为，想象力是科学研究中的重要因素，而音乐对于想象力是有直接帮助的。无论走到哪里，他总是带着心爱的小提琴。他曾经和著名科学家、量子论的创始人普朗克一起演奏贝多芬的音乐作品，成为科学界的美谈。

在科学研究陷入困境时，爱因斯坦会暂时放下手中的工作，拉上一段曲子，让自己的身心沉浸在美妙和谐的旋律中，以科学家的深邃目光欣赏音乐，理解音乐，把物理学和音乐同样视为美的化身，这是一般人所无法进入的崇高境界。

爱因斯坦作为一代科学大师，丝毫没有忘记自己的社会责任感。

两次世界大战使他的祖国千疮百孔。一瞬间，有人把它变成了疯狂的野兽，并把这种疯狂变成每个人心目中的枷锁。于是放火、杀戮，仿佛成为唯一正义的事业。整个祖国背叛了爱因斯坦，他为此陷入深深的苦闷与孤独之中。

他把他周围的知识分子当成自己的祖国，但他们并没有为自己保持一点操守。在一个为军国主义的暴行辩护的被称为《文明世界的宣言》上，在众多科学家中，只有包括爱因斯坦在内的4人为反暴行签了名。

　　在普鲁士科学院的会议厅里，他只是一个做实验的物理学家，但是却没有人敢靠近他。他被视为一个危险分子，他的周围充满了敌意。他的祖国抛弃了他，他周围的知识分子抛弃了他。就这样，他成了一个孤独者。但是他是幸运的，至少他要比那些死于汽油与火的犹太人幸运，因为后来，它可以自由地在美国的土地上呼吸和生存。

　　虽然他遭受了政治的迫害但是他还把全部的激情献给了政治斗争。他开始全身心地投入各种公开和秘密的反战运动，他召唤更多的人为和平而战。

　　1921年，爱因斯坦第二次获得了诺贝尔物理学奖，在此期间，他一如既往地保持着独自思考的性格。他在那里几乎与世隔绝。爱因斯坦用孤独表现出了他对科学和事业的执着追求。因为只有在孤独的世界里，他才能找到自我，和他探索的宇宙融为一体。

　　成名后，各种应酬、社会活动却接踵而至，令爱因斯坦非常头疼。他生性孤独，不愿花太多时间在其他方面。在美国生活的几十年中，爱因斯坦一直过着寂寞宁静的生活。

　　也许没有几个人真正喜欢孤独，但是正是因为孤独，才让爱因斯坦得到了无限的欢乐和宁静。他在孤独中获得一切，这是别人所无法体验的。

情商的世界

性格决定命运。这话说得一点没错。孤独的爱因斯坦成就了一个伟大的科学家。所以，在人际交往过程中，也要学会分析对方的性格，不要以貌取人，也不要武断地就给人下定论，也许哪一个你觉得不起眼的人，他日就会成为一个伟大的人物。

第五章 情商提高洞察力

◎ 通过人格看人心

对于一个人来说，无论他取得的成就有多大，都不是最令他骄傲和欣慰的事。因为真正值得他骄傲和欣慰的事，是他从来没有不良的记录，是一个干干净净的人。

为什么林肯总统有那么高的声望？为什么他能受到美国人民甚至是全世界人民的敬佩与赞赏呢？那是因为他有高尚的人格，他一直尽心尽职地工作着，从来都没有不良的工作记录，当然他也不做有损自己声誉的事情。

无论是在哪个国度，不论是哪个时期，不论是你腰缠万贯的富翁还是一贫如洗的穷人，不论你是高官显赫还是一介平民，有一点你必须承认：人格的力量是无穷的，它在人类文明发展史上的作用也是巨大的。

当一个人发现自己对社会意味着什么，当他意识到自己所做的一切都不是为了沽名钓誉，当他全身心投入到为人类谋福利的事业当中去的时候，他就成了世界上一个了不起的人，一个重要的人。

现在，有许多人都被同一个问题困扰——他们觉得自己除了代表自己的利益以外，他们并不代表其他什么。也许他们中的许多人都接受过良好的高等教育，都有丰富的专业知识或者一技之长，但是他们却很自私。他们只为自己而活。这使他们的人格魅力大打折扣。

要找到一个有丰富的专业知识、过硬的专业技术、并且在行业中声名显赫的律师或者医生并不难，但是要找到一个一直兢兢业业工作、从来没有不良记录的律师或者医生却很难；要找到一个成功的商人很容易，但是要找到一个把人格置于生意之上的商人却很难。为什么会出现这样的情况？

因为，这个社会，这个世界需要的是这样的人——他不仅有一技之长，他更要坚守做人的原则，他能意识到自己对社会意味着什么，他能感受到自己所做的工作对社会的价值。

罗斯福总统年轻的时候，就下定决心绝对不做有损自己声誉的事情。在他的日常生活中，无论是工作，还是结交朋友，他从来不允许自己做出有损自己名声的事情，即使那样会让自己失去部分财富，失去一些朋友，他也在所不惜。他一直这样严格要求自己，这与他后来成为美国历史上政绩显赫的总统有着很密切的关系。

在他的政治生涯当中，只要他不那么正直，不那么秉公执法，只要他稍微利用一下自己的政治地位和权力，他有很多发大财的机会。但是罗斯福没有这么做，他从来不会做违背良心和有损声誉的事情。他不想让自己的政治生涯史上有任何的不良记录，任何的污点。

如果说，在某一个职位上，就必须放弃自己做人原则的话，那他宁可放弃那个职位。他不允许自己去拿一分来路不明或者不干净的钱，尽管这样他会得罪很多人，也会给自己制造很多麻烦，但是他依然坚守自己做人的原则，刚正不阿。事实上，虽然有很多人都记恨他"不给情面"，但是却又非常敬佩他的正直和诚实。

对于每一个人来说，有些东西是必须坚守的，是不能被贿赂的，是不能被收买的，而且在必要的时候你还要用生命去捍卫它的，比如人格，这是多少金钱和诱惑都不能撼动的。

一个人如果坚持自己的做人原则，忠于自己的理想，那么他就不会是永远的失败者。即使他不是声名显赫，即使他没有腰缠万贯，他也是值得肯定和尊敬的，最起码他在人格上得到了别人的认可，这是比任何财富都更有价值和意义的东西。

在林肯做律师的时候，他曾被要求庇护他的当事人，可是他拒绝这样做，他说："如果我真的这样做了，我在法庭上会一直忐忑不安的，我会想自己在撒谎，我在犯错甚至是在犯罪，法庭不允许我这样做，我自己也不能容忍这样的行为。"

在日常生活中，一个人的人品常常被很多人忽略。他们看一个人往往看他是否精明能干，是否声名显赫，但是他们却很少强调这个人是否诚实，是否正直。显然他们并没有把一个人的人品放在重要的位置上。很多人非常敬佩那些诚实、正直、勇敢的人，可是他们自己却很少要求自己这样做。比如，在商场上，有很多商人都知道做生意应该讲信誉和实力，可是他们却往往靠欺瞒、夸大事实和其他伎俩来赚钱。

人品就是一个人的品行，代表着一个人的颜面和尊严。无论做什么，一个人的人品都是非常重要的，也是其他东西无法代替的。金钱财富、地位权力都无法弥补一个人人格上的缺陷。一个人不论他多富有，也不论他有多大的权力，如果在他的人品中找不到诚实与正直，

那么他就永远不可能成为一个真正的成功者。当人们提到他的名字时，也许会因为他腰缠万贯，心生一丝羡慕，但是绝对不会对其有丝毫的敬佩之情。

有些商人成了大富翁，可是他们却难以得到员工的爱戴和崇敬，因为虽然这些富翁在金钱和物质财富上占有优势，但是他们在人格上却处于劣势。他们唯利是图，很少真正设身处地为自己的员工考虑，而且，他们有时候还不惜借用卑劣的伎俩为自己谋取财富。这样的人，何以赢得人们的敬佩呢？

要知道，人们向来尊重那些人格高尚的人。即使诚实正直的人没钱财，没权位，也同样会受到人们的爱戴，因为他们有令人敬佩不已的人格。人格的力量是伟大的。

卡尔·舒尔兹是一个爱憎分明的人。虽然他常常改变自己的政治观点，但是有一点是他周围的每一个人都确信的，那就是他绝对不会背叛他的朋友和他的政党。这也是他做人坚守的原则。因而他受到很多人的爱戴。在他年轻的时候他侥幸逃出了德国的监狱，并且流亡到另外一个国家。而在那个新的国度里，他又因为从事革命运动而被逮捕。可是威廉一世一直都很器重他的诚实和勇敢，依然邀请卡尔回到德国，而且还公开宴请他，给他很高的嘉奖。

对于一个人来说，只有具备了诚实正直的品质，才可以说是一个完整意义上的人。这样的人，才有获得成功的可能。当然，在这个世界上，也有很多不正直的人可以成为百万富翁，可以获得很大的权力，可是那不算是一种真正的成功。那就好像一个小偷顺利地偷到了

别人的钱，你能说他获得了成功吗？如果你是这样的人，你会发现，当你拿到这些钱的时候，总有一种心神不宁的感觉，总为自己做过的事而感到不安。

总之，不论你从事什么工作，你都应该坚持自己，你不能仅仅因自己是一个律师、医生、商人或者农民等等就放纵自己。你必须记住：一个人首先应该是一个堂堂正正的人，只有做好了人，才有资格去做自己想做的事，才有希望达成期望中的目标并为之不懈努力！

◎ 举止优雅才会有魅力

人的举手投足间都会彰显一定的魅力，尤其是一些优雅的举止，更会让一个人的气质凸现出来。即使他是一个普通的工人，但是，因为他的言谈举止，都非常优雅大方，那么他也会赢得人们的尊重。

热情有礼的举止有如和畅的春风，它常常会吹动成功的硕果。而粗鄙的言语与不良的举止会使你的交际面临重重障碍。所以，举止优雅与否确实与一个人的成败得失有着很大的关系。尤其是在现实生活中，它甚至比一个人的内在品质更容易引起人们的瞩目。因而米德尔顿大主教告诫人们，"高贵的品质一旦与不雅的举止纠缠在一起，也会令人厌倦。"

哈金森就是一个有风度和魅力的人，对于他的举止，哈金森夫人曾有过详尽的描述："他这个人宽容大度而坦诚，对于那些地位卑下者，他从来不曾有丝毫怠慢；对那些出身显贵者，他从来不阿谀奉承。在闲暇时间，他总是和那些最普通的士兵和最穷困的劳动者在一起，他从心底里尊重他们。"

很多时候，一个人的言谈举止反映了一个人的兴趣、爱好、情感。因此，这些仪表风度就意义重大，不容忽视。但人为的礼节性规则并没有太大价值。它们往往具有并不礼貌、并不诚实的内涵。这种礼节、礼仪只是优雅举止的一种装饰。

爱默生曾说："优美的身姿胜过美丽的容貌，而优雅的举止又胜过优美的身姿。优雅的举止是最好的艺术，它比任何绘画和雕塑作品更让人心旷神怡。"

真正的优雅出自善良，出自对别人人格的关爱。如果希望他人尊重自己，就要尊重他人，就要关注他人的思想、情感，即使他人的思想观点与自己大不相同，也要善于接纳。真正举止优雅的人总是知道尊重别人的思想，从不强求一律，有时他得控制自己的情绪，虚心听取他人的看法。他善于宽容，不轻易作任何刻薄的评论。

相反，一些粗鲁的人不会尊重别人，他们宁可失掉朋友也不去收敛言行。这种不顾及别人人格的人，毫无疑问是傻子。

约翰逊博士说过："每个人都无权说粗鲁的语言，更无权表现他粗鲁的举止。恶毒的言行很容易将人击倒，并且还比将一个人击倒更令人痛恨。"而自私者通常都不懂得尊重他人的感情，总是会有许多令人厌恶的举动。他们并非天性恶毒，却缺乏对他人的同情之心，无视那些使人欢乐和痛苦的生活细节，因而也可以说，判断一个人的良好修养主要在于这个人是否有同情他人的情感。

有一句话说得好，礼貌不用花钱却能赢得一切。可想而知，没有一点礼貌的人是令人难以忍受的。这种人总会给人带来莫名其妙的烦恼，与这种人交往，没有一个人会感到舒心轻松。正是由于不懂礼貌，许多人一辈子都在与自己制造的种种麻烦作斗争。由于他们的粗鲁，成功与幸福总是与他们相隔遥远，在他们的生活中尽是一些苦恼和麻烦。

如同一个人的天赋一样，一个人的性格对于他的成功影响很大。因为一个人的幸福取决于他生性乐观的性格，取决于他的谦恭有礼和友善的交际，以及乐于助人的品质。

　　大多数不礼貌的行为都会让人感到厌烦。譬如有些人经常不洗澡；有的人在公共场合吸烟；有的人长久不洗衣服；有些人过于懒散，总是蓬头垢面；有的人还喜欢随地吐痰，等等，这么不文明的行为本身就是不尊重他人的表现，又怎么会赢得别人的好感呢？

　　优雅的举止并不在乎别人是否注意，因为它出自天然。真诚和坦率总是通过谦恭、文雅、友善和同情他人等外在行为表现出来。优雅文明的行为举止总是让人兴奋，使人心悦诚服。正如一个人的内在品性一样，他的行为举止是促使成功的真正动力。

　　克农·金斯纳在谈到西尼·塞缪斯时说："他是一个真正勇敢和充满爱心的人，他赢得了人们的尊敬。这主要是由于他懂得尊重别人。无论是对待穷人，还是富人；无论是对待他自己的仆人，还是高贵的客人，他都不分贵贱，以同样的谦恭友善和诚挚关心与他们相处。他总是在他走过的地上播下幸福的种子，让它们在那里生根发芽，所以，他总能收获到幸福的果实。"

　　优雅的行为举止曾被认为是那些出身高贵的人所特有的风度。这种说法有一定的道理，因为上层人士的子女从小就生活在一个比较好的文明环境，饱受熏陶。但这并不能成为那些下层的人们举止粗鲁的理由。

　　穷苦人更应该和那些上层人士一样，懂得互相尊重。无论是在田

间还是在家里，他们都要意识到，优雅的行为举止会带给他们无穷的欢乐，即便是一名工人也能通过自己坚持不懈的努力，以自己文明优雅、亲切友善的行为来感染他人。本杰明·富兰克林就是一个典型的例子。他还是一名工人的时候就以自己的高雅行为改变了整个车间的工作气氛。

即使你身无分文，只要温文尔雅，总能让人欢快、愉悦。

但有时我们也必须明白，一些心地善良的人往往缺乏优雅的举止，正如有些相当粗糙的盒子里却包藏着最甜美的果实一样。许多举止粗俗者却心地善良，而许多仪表堂堂者或许心狠手毒。

约翰·洛克斯就不是那种谦恭优雅的人。苏格兰女王玛丽问他为什么如此粗鲁时，洛克斯回答道："臣民生来如此"。据说洛克斯的言谈举止曾不止一次地让玛丽女王哭泣。

一次，洛克斯正走出女王王宫，他偶尔听到一个侍从对另一个侍从说："这个人无所畏惧。"洛克斯转过身来对这些侍卫说："我为什么要害怕绅士们那些笑容可掬的脸呢？我曾经打量过许多勃然大怒的脸，就从来没有感到害怕啊！"

后来，这位改革者由于过分劳累和操心而心力衰竭，终于撒手人寰。摄政王看着这位改革家的长眠之地，叹息道："这个人将长眠于此，他从来不怕任何人的脸。"

高雅的情趣令寒舍生辉，而美好的举止也胜过任何华丽的衣裳。一个人优雅的风度，创造出一种环境，能让人如沐春风。这就是为什么在生活中，人们常常发现，有的人身居陋室，却志趣高雅，家中虽

情商的世界

然并不华贵，却干净整洁，让人感到爽快和舒适。

虽然在一定程度上来说，优雅的举止与家庭教育有关，但有的人家庭环境并不好，他却能通过向优秀的人物学习，最终得以优雅出众。因为后天的环境是可以改变的，而最好的改变方式就是学习。要知道，一块未经雕饰的宝石，只有经过精心打磨，才能成为绝世精品。而一个人只有经过反复地学习和改造自己，不断向优秀的人物学习，才能不断使自己得以提升。

一位作家曾说："天才是才华，而敏锐是技巧；天才在于知道需要什么，而敏锐则知道应怎样去做；天才使自己受人重视，而敏锐使他人受到尊崇；天才是资源，敏锐是现金。"所以我们说，敏锐是一种直觉，在这方面，知识和天资都难以与其相提并论。而当优雅的行为与敏锐相结合，就会产生巨大的动力。

韦克斯是最丑的男人之一。他常常说："在赢得美女的宠爱方面，他与英国最潇洒漂亮的男人相比，相差也不过三天。"这就是敏锐与优雅结合后的超强大自信的最佳体现。

当然，我们也应该看到，一个人的行为举止并不是测试一个人的品性的准确尺度。对于像韦克斯这样的人来说，优雅的行为只不过是用来达到某种不良目的的一种装饰。真正优雅的举止应该跟艺术品一样，要真实，给人以愉悦，而不是一种伪装。

第六章
情商提高影响力

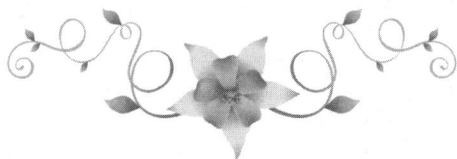

　　人生在世，每个人都渴望别人的关怀与理解，每个人都有他自己的生命智慧，每个人都可以提供给别人很大的帮助，每个人的内心深处，都有治疗和觉醒的泉源。因为只有做好这些，我们才能与人和谐相处，生活快乐而幸福。

◎ 造就良好的人际关系

成功人士共同的特点是什么?

根据《行销致富》一书的作者史坦利的说法:"答案是一本厚厚的名片簿。更重要的是他们广结人际网络的能力,这或许便是他们成功的主要原因。"

作为成功人士,他们不仅晓得有谁蕴藏在他们厚厚的名片簿里,更愿意无私地把这些资源与其他成功人士分享。

魏斯能在他的新书《不上,则下》中指出:"人际网络背后的意义,其实比一般人所能想到的都还深远。"这是他访问了280位企业总裁后所得出的结论。他说:"那些企业总裁坚信:虽然每个人都有他们如何步步高升到金字塔顶端的精彩故事,但大多数人都把他们的成功归功于身旁人的提拔。"

美国作家柯达说过:"人际网络非一日所成,它是数十年来累积的成果。如果你到了40岁,还没有建立起应有的人际关系,麻烦可就大了。"

在这方面,美国前总统克林顿是最好的典范。

在他成功参选的过程中,拥有高知名度的朋友们扮演着举足轻重的角色。这些朋友包括他小时候在热泉市的玩伴、年轻时在乔治城大学与耶鲁法学院的同学等。为了帮助克林顿能够竞选成功,他们四处

奔走，全力地支持他。所以克林顿在担任总统后，曾坦言，他之所以能够成功地赢得竞选，与他拥有广泛的人际关系是分不开的。

现代心理学和社会学的研究已经证实，良好的人际关系具有四大功能：

第一大功能：产生合力。

平时，我们常说的"人多力量大"，"团结就是力量"，"人心齐，泰山移"，就是这个道理。在现代社会，分工细化，竞争残酷，单凭一个人的力量根本无法取得事业上的成功，只有借助众人之力，才有可能创造辉煌的人生，而要获得众人的帮助，使之上下一心，攻克目标，那就必须学会处理好人际关系。

第二大功能：形成优势互补。

俗话说：一个篱笆三个桩，一个好汉三个帮。一个人，即使是天才，也不可能样样精通。所以，他要完成自己的事业，就必须善于利用别人的智力、能力和才干。然而，用人并不仅仅是一种雇佣与被雇佣的关系，而最大限度地调动下属的工作积极性，就必须掌握一定的人际技巧。在一个人开拓自己的事业时，总要遇到自己力所不能及的困难，这时，良好的人际关系则会助你一臂之力，为你扫清障碍。

第三大功能：给人友谊的滋润。

人是一种感情动物，必须时刻进行感情上的交流，需要获得友谊。在迈向成功的道路上，要想坚持到底，仅仅依靠信念的支撑是不够的，还必须有友谊的滋润。良好的人际关系会使你获得一种强大的力量和热情，在成功时得到分享和提醒，在挫折时得到倾诉和鼓励，

情商的世界

这必将会有助于你心里的有益平衡，从而有勇气地迈向新的征程。

第四大功能：掌握更多的信息。

在现代社会中，掌握了信息就等于是把握住了成功的机会。一条珍贵的信息可以使人功成名就，腰缠万贯，而信息闭塞也可能会使人贻误战机，遗憾终生。广交朋友，善处关系，是一条十分有效地获取信息的途径，这样，你就能够在竞争中始终处于领先地位，然后再取得事业上的成功。不过社会关系不是雨后春笋，自己会长出来，不需要人的料理。社会关系不仅需要培养，也需要维护。否则"人一走，茶就凉"，会使得已经做出的努力付之东流。不论对上对下、对内对外，良好的人际关系有时就是笔巨大的投资，必然会在你需要的时候给你丰厚的回报。

如果不了解人际交流的禁区，会让你的人际关系变得索然无味，甚至招人厌恶。这就是说，积极的人生态度和良好的人际关系，是事业成功的催化剂，它会使人变得活泼，富有进取精神，充满干劲。反之，冷漠、消极的人生态度和生硬的人际关系，会使自己置于重重障碍之中，限制自己的发展。在这种情况下，我们就要注意以下一些要点：

要点一：切忌随意插嘴。

要让人把话说完，不要轻易打断别人的话。

要点二：切忌节外生枝。

要扣紧话题，不要节外生枝。如当大家正在兴致勃勃地谈论音乐，你突然把足球赛塞进来，显然不识"火候"。

要点三：切忌居高临下。

不管你身份多高，背景多硬，资历多深，都应放下架子，平等地与人交谈，切不可给人以"高高在上"之感。

要点四：切忌心不在焉。

当你听别人讲话时，思想要集中，不要左顾右盼，或面带倦容，连打呵欠；或神情木然、毫无表情，让人觉得扫兴。

要点五：切忌冷暖不均。

当几个人聚在一起交谈时，切莫按自己的"胃口"，更不要按他人的身份而区别对待，热衷于与某些人交谈而冷落其他人。不公平的交谈是不会令人愉快的。

要点六：切忌短话长谈。

切不可泡在谈话中。鸡毛蒜皮地"掘"话题，浪费大家的宝贵时光。要适可而止，说完就走，提高谈话的效率。

要点七：切忌搔首弄姿。

与人交谈时，姿态要自然得体，手势要恰如其分。切不可指指点点，挤眉弄眼，更不要挖鼻掏耳，给人以轻浮或缺乏教养的感觉。

要点八：切忌自我炫耀。

交谈中，不要炫耀自己的长处、成绩，更不要或明或暗、拐弯抹角地为自己吹嘘，以免使人反感。

要点九：切忌口若悬河。

如果对方对你所谈的内容不懂或不感兴趣，不要不顾对方的情绪，自己始终口若悬河。

要点十：切忌言不由衷。

对不同看法，要坦诚地说出来，不要一味附和。也不要胡乱赞美、恭维别人，否则，令人觉得你不真诚。

要点十一：切忌故弄玄虚。

本来是习以为常的事，切莫有意"加工"得神乎其神，语调惶恐、时断时续，或卖"关子"，玩深沉，让人捉摸不透。如此故弄玄虚，是很让人反感的。

要点十二：切忌挖苦嘲弄。

别人在谈话时出现了错误或不妥，不应嘲笑，特别是在人多的场合尤其不可如此，否则会伤害对方的自尊心。也不要对交谈以外的人说长道短，这不仅有损别人，也有害自己，因为谈话者从此会警惕你在背后也说他的坏话。更不能把别人的生理缺陷当作笑料，无视他人的人格。

掌握了以上这些要点，在人际交往中，就会更多地掌握主动权，当我们在与他人交流的时候，就会少一些不必要的尴尬，多一份成功的机会。

◎ 给人说话的机会

我认为，辩论之所以精彩，不仅仅是因为辩论双方口若悬河，滔滔不绝，主要是因为如此强硬的对手，都能给彼此说话的机会，这样，强强对垒，才更显得辩论有意义。

当然，这只是举一个例子，也许不是很恰当，但是我想说，即使你不同意他人的意见，你或许想阻止他，也最好不要这样，因为这样做没有什么效果，要给对方说话和表现的机会。当他人还有许多意见要发表的时候，他是不会注意你的。所以忍耐一点，用一颗开放之心听取他人讲话，并诚恳鼓励他完全发表自己的意见。

很多人为了让别人的意见同自己保持一致，他们往往采服一种错误的策略：说话太多。尤其是那些推销员，他们更容易犯这种不经意的毛病。其实，你不如让对方畅所欲言，因为每个人对自己的事和与己有关的问题一定比你知道得多，所以不如问他一些问题，让他给你讲述有关的一些事情。

在商业中，给人说话的机会，也确实有价值，我们可以看看下面这个例子。

多年以前，有一家汽车工厂正在接洽采购一年中所需要的坐垫布。3家有名的厂家已经做好样品，并接受了汽车公司高级职员的检验，然后，汽车公司给各厂发出通知，让各厂的代表作最后一次的竞争。

有一厂家的代表赵先生来到了汽车公司，他正患着严重的咽喉炎。"当我参加高级职员会议时，"赵先生在我训练班中叙述他的经历时说，"我嗓子哑得厉害，差不多不能发出声音。我被引进办公室，与纺织工程师、采购经理、推销主任及公司的总经理面洽。我站起身来，想努力说话，但我只能发出尖锐的声音。"

"大家都围桌而坐，所以我只好在本上写了几个字：诸位，很抱歉，我嗓子哑了，不能说话。"

"我替你说吧，"汽车公司总经理说。后来他真替我说话了。他陈列出我带来的样品，并称赞它们的优点，于是引起了在座其他人活跃的讨论。那位经理在讨论中一直替我说话，我在会上只是做出微笑点头及少数手势。

令人惊喜的是，我得到了那笔合同，汽车公司订了50万张坐垫布，价值160万美元。这是我得到的最大的订单。

我知道，要不是我实在无法说话，我很可能会失去那笔合同，因为我对于整个过程的考虑也是错误的。通过这次经历，我真的发现，让他人说话有时是多么有价值。

有一家电气公司的业务员李宏也深有同感，下面我让我们看他的例子。

有一次，李宏先生正在宾夕法尼亚作一次农业考察。

当他经过一家整洁的农家时，向该区的代表问道："为什么这些人不用电？"

"他们是守财奴，你不可能让他们买下任何东西，并且他们对公

司不感兴趣。我已经试过多次，真是没有希望了。"区代表厌烦地回答道。

也许是没有希望，但李宏无论如何要试一试，他走去叩一个农家的门。门只开了一小缝，老罗根保夫人探出头来。

她一看见公司代表，李宏先生讲述说，"就当着我们的面把门一摔。我再叩门，她又把门开了一点，告诉我们她对我们及公司的看法。"

她将门再开得大些，探出头来怀疑地望着我们。

"我曾留意你的一群很好的都敏尼克鸡，"我说，"我想买一打新鲜鸡蛋。"

门又打开一点。"你怎么知道我的鸡是都敏尼克鸡？"她的好奇心似乎被激起来。

"我自己也养鸡，"我回答说，"而从未见过比这更好的一群都敏尼克鸡。"

"那你为什么不用你自己的鸡蛋？"她还有些怀疑。

"因为我的来格亨鸡生白蛋。你是会烹调的，自然知道在做蛋糕时，白蛋不能同赭蛋相比。为此，我的妻子以她所做的蛋糕自豪。"

这时，罗根保夫人放着胆子走了出来，来到廊中，态度也温和多了。我环顾四周，发现在场中置有一个很好的牛奶棚。

"罗根保夫人，实际上，"我接着说，"我可以打赌，你用你的鸡赚钱，比你丈夫用牛奶棚赚的钱还要多。"

她高兴极了！当然她赚得多！她听我如此说更加高兴，但可惜她不能使她顽固的丈夫承认这一点。后来，她请我们参观她的鸡舍，在

情商的世界

我们参观的时候，我留意她所造的各种小设备，我介绍了几种食料及几种温度，并在几件事上征求她的意见。片刻间我们就很高兴地交换了经验。

过了一会儿，她说她的几位邻居在鸡舍里装置电光，据说效果很好。她征求我的意见，她是否应该采取这种办法。两星期以后，罗根保夫人的都敏尼克鸡也见到了灯光，它们在电光的助长之下叫唤着，跳跃着。我得到了我的订单，她也能多得鸡蛋。双方满意，人人获利。

但是，如果我不先将她诱入圈套，我是永远不能把电器推销给这位守财奴式的荷兰妇女的。

事实上，即使是我们的朋友，也喜欢谈论他们的成就，而不愿听我们吹嘘自己的成就。法国哲学家罗西法考说："如果你要树立敌人，就胜过你的朋友；但如果你要得到朋友，那就让你的朋友胜过你。"当我们的朋友胜过我们时，他们获得了一种自重感；但当我们胜过他们时，他们会产生一种自卑感，并引起猜忌与嫉妒。

德国人有一句俗语："最纯粹的快乐，是我们从别人的困难中所得到的快乐。"是的，你有些朋友，恐怕从你的困难中比从你的胜利中得到的满意更多。所以不要时时向他人夸大自己的成就，我们要谦逊，这样永远能使人喜欢。

我们应当谦逊，因为你我都没有什么了不起的。你我都会逝去，过百年之后完全被人遗忘。生命过于短促，不要总是谈论我们小小的成就，使人厌烦；反之，我们要鼓励他们说话。

所以，让对方说话，我们将更容易得到别人的信服。

◎ 站在他人的角度考虑问题

有人认为，人的天性都是自私的，尤其是在涉及利益的问题时，人的自私性表现得更为明显。这时，如果让我们永远按照对方的观点去想，由他人的立场去看事，一如由你自己的一样，真的很难做到。但是如果做到了，那么，这或许不难成为影响你终身事业的一个关键因素。

有时候，生活中会发生这种情形：对方或许完全错了，但他仍然不以为然。在这种情况下，不要指责他人，因为这是愚蠢人的做法。你应该了解他，而只有聪明、宽容、特殊的人才会这样去做。对方为什么会有那样的思想和行为？其中自有一定的原因。找寻出其中隐藏的原因，你便得到了了解他人行动或人格的钥匙。而要找到这种钥匙，就必须诚实地将你自己放在他的地位上。假如你对自己说："如果我处在他当时的困难中，我将有何感受，有何反应？"这样你就可省去许多时间与烦恼，也可以掌握更多的处理人际关系的技巧。

有一个公园，里面的一些小树及灌木经常被人烧掉，这些燃火不是由粗心的吸烟者所致，它们差不多是由到园中野炊的孩子们摧残所致。有时，这些火蔓延得很凶，以至于必须叫来消防队员才能扑灭。

公园边上有一块布告牌，上面写着：凡引火者应受罚款及拘禁。但这布告竖在偏僻的地方，很少有儿童看见它。

有一位骑马的警察一直在照看这个公园，但他对自己的职务不大认真，火仍然是经常蔓延。后来警察遭到了上司的批评，所以从那时起，他便极不愿地负起了这份责任。他从没有试着从儿童的角度来对待这件事。每当他看见树下起火时就非常不快，急于想做出正当的事来阻止他们。他上前警告他们，用威严的声调命令他们将火扑灭。而且，如果他们拒绝，就恫吓要将他们抓回到警察局。他只在发泄他的情感，而没有考虑孩子们的观点。

后来，那些儿童怀着一种反感的情绪遵从了警察。但当警察离开他们以后，他们又重新生火，并恨不得烧尽公园。

后来，这名警察学会了一些关于人际关系学的知识和处理人际关系的方法。于是，他不再向孩子们发布命令，也不会再威吓他们，而是面向他们说道："孩子们，这样很惬意，是吗？你们在做什么晚餐？……当我是一个孩童时，我也喜欢生火——我现在也很喜欢。但你们知道在这公园中生火是极危险的，我知道你们不是故意，但别的孩子们不会是这样小心，他们过来见你们生了火，所以他们也会学着生火，回家的时候也不扑灭，以至在叶子中蔓延烧毁了树木。如果我们不再小心，这里就会没有树林。因为生火，你们可能被拘捕入狱。我不干涉你们的快乐，我喜欢看到你们感到如此快乐。但请你们即刻将所有的树叶耙得离火远一些——在你们离开以前，你们要小心用土盖起来，下次你们取乐时，请你们在山丘那边沙滩中生火，好吗？那里不会有危险——多谢了，孩子们，祝你们快乐。"

"这种说法产生的效果与之前的方法有很大区别！它使孩子们产

生了一种同你合作的欲望，没有怨恨，没有反感。他们没有被强制服从命令。他们保全了面子。他们觉得好，我也感觉很好，因为我处理这事情时，考虑了他们的观点。"警察说。

哈佛商学院的一位院士说："在与人会谈以前，如果对于我所要说的，以及他似乎要回答的东西没有一个极清楚的观念，我情愿在那人办公室外的人行道上走上两小时，而不愿走进他的办公室。"

如果你看到这里的唯一收获，就是觉得我们在空喊口号，根本不解决实际问题，那你就要将这些口号落到实处。

所以，你要学会：真诚地尽力从对方的角度看事情，这将有助于你取得成功。

情商的世界

◎ 懂得欣赏他人

每个人都渴望得到别人及社会的肯定和认可，我们在付出了必要的劳动和热情之后，都期待着别人的赞美。从为人处事的方面来讲，想要得到自己需要的东西，首先慷慨地奉献给别人，这无疑是在给你的人际关系添加润滑剂。

在柯立芝任美国总统期间，有一天，柯立芝的女秘书迟到了几分钟，但是他并没有责怪她，而是对女秘书说："你今早穿的衣服很好看，你是一个非常漂亮的女孩子。"这恐怕是一向寡言的柯立芝总统一生中送给一位秘书的最动人的称赞了。这确实有点不平常，出乎女孩的意料，因而那女孩面红耳赤，不知所措。接着，柯立芝又说："不要难为情，我说这些话只是为了让你觉得好过一些，从现在起，我希望你多注意一下你的缺点。"

尽管柯立芝总统采用的办法有点明显，但他运用了一种心理技巧——当我们听到他人对自己的优点加以称赞以后，再去听一些不愉快的话，自然觉得好受了一些。这正如理发师在替人修面之前，先涂上一层肥皂一样。

在这个世界上，几乎没有人不喜欢听好话，也没有人真的打心眼眼里喜欢别人来指责自己，即使是相濡以沫的朋友，你批评几句，对方往往脸上也有挂不住的时候。所以，人们更多的是需要鼓励和赞

美，而绝非批评和指责。

而且，美国哈佛大学的专家斯金诺通过一项实验研究证明，连动物的大脑，在受到鼓励的刺激后，大脑皮层的兴奋中心也会开始起劲调动子系统，从而影响它行为的改变。同样的道理，人作为万物的灵长，期望和享受欣赏是人类的基本需求之一。

林肯有一次在写信时，开门见山地说："任何人都喜欢受人奉承。"

美国著名心理学家威廉·詹姆斯也说："人性深处最大的欲望，莫过于受到外界的认可与赞美。"

人类正是因为有这种渴望与价值的冲动，才会有人在一文不名、目不识丁、帮人打杂的情况下，仍不惜花掉仅有的微薄工资，去买法律书来看，充实自己，提高自己。这个可怜的杂工并非虚构，他就是美国前总统林肯。

下面是林肯所写的第二封最著名的信（他的第一封最著名的信是写给毕克斯贝夫人的，对她在战争中失去了5个儿子表示哀悼）。林肯写这封信大约用了5分钟，但在1926年公开拍卖时，它卖了1.2万美元——那比林肯苦干50年所存的钱还多。这封信是在内战最黑暗的时期——1862年4月26日所写的。这是一个黑暗、忧愁、紊乱的时期，这封信就产生于这一时期。18个月来，林肯的将领所带的联军屡遭惨败。数千名兵士从军中逃跑，甚至参议院的共和党议员都有人叛乱，并要强迫林肯退出白宫。

林肯说："我们现在处在灭亡的边缘上，我看好像上帝都在反对

我们了。我差不多看不到一丝希望的曙光。"

下面我们来看看这封信的内容，从中我们可以看出林肯是如何改变一位喧哗的将军，而且是正当全国的成败命运可能系在这位将军的行动上的时候。这恐怕是林肯在做总统以后所写的最锐利的一封信，但你可得注意到在他说到他的严重错误以前，他先称赞了胡格将军。

是的，那是些严重的错误，但林肯没有这样定义它们，而是利用更婉转，更富有外交性的手段，他写道："有些事我对你不十分满意。"下面就是那封信：

"我已经将你放在军队的首位。当然，我这样做是根据我以为充足的理由，但我想，你最好知道对于有些事，我对你不是十分满意。我相信你是一位智勇双全的将军，那当然是我所喜欢的。我也相信你不会将政治与你的职务混淆起来，在这事上，你是对的。你自信，那是一种有价值的，不可少的性格。你有志气，这在相当范围之内，是有益无害的。但我想要伯恩赛将军带领军队的时候，你出于个人的意志，竭力阻挠。在这事上，你对国家，对一位战功显赫的同僚长官犯了一个大错误……"

从这封信来看，林肯的骨子里隐含着一种非常严肃的谴责，但字面上却依然委婉诚恳，娓娓动听。那位将军捧读此信，怎能不衷心感动而甘愿效忠呢？这就是林肯的过人之处，作为美国最著名的总统之一，他当之无愧。

当然，我们不是柯立芝、林肯，但是我们可以学习这种处世哲学，因为在我们的日常生活和工作中，我们随时需要这些。

一位夫人雇了一个女仆，并告诉她下星期一来上工。

这时候，这位夫人打电话给那女仆以前的女主人，知道她做得一切都不是很好。于是，当女仆来上工时，这位夫人说道："我那天打电话给你以前做的事那家太太，她说你诚实可靠，会做菜，会照顾孩子，但她说你不整洁，从不将屋子收拾干净。我想她是在说谎，你穿得很整洁，人人可以看得出。我打赌，你收拾屋子一定同你的人一样整洁干净。你也一定会同我们相处得很好。"

后来，她真的把屋子收拾得发亮，因为她情愿多花费一小时打扫，而不愿使夫人对她的希望落空。为什么女仆情愿这么做呢？因为女仆得到了别人的尊重和期望，也得到了鼓励和信任，所以，她就愿意付出极大的努力去实现这样的期望。

这并不是过度的赞美，也不等同于奉承，而是当你想在某方面改进一个人，所需要的最佳办法。要知道，有些人的特点和习惯已经是他的显著特征之一。如果你想改变他，那就要让他得到你的尊重，并且你对他的某种能力表示认可，他就很容易受到认可，向好的那方面发展。

人生最大的成功，无外乎是得到全世界人的赞美。但是，更重要的是应该获得别人的真诚和爱心，获得大家的喜爱和照顾。虽然这要看每个人的造化，但是一个人是否诚恳也很重要。天分和禀赋只是第一个条件，它可以在开始给人很好的印象，但是后来就要看一个人的为人处世的能力了。

有人认为，只要有一个好的名声，就可以获得别人真诚的拥护和

爱戴，其实并不够。你还要常常与人为善，乐于帮助别人。语言上要注意做到温文尔雅，而行动上更要做到对他人充满真诚的关爱。

想要获得别人的爱，那么你一定也要爱别人，否则你就算获得了别人的感情，也不会长久。古代的贵族们一般都会非常慷慨大方，无论是言谈举止还是在行动上，都是如此。要知道，他们之所以能够赢得很多人的忠诚和拥戴，靠的就是这种方式。

建功立业的人往往因其功业得到人民的拥戴，让人民永远铭记于心；而能够获得作家和诗人的尊敬，这个人同样也可以流芳百世。所以，如果你希望与他人愉快和谐地相处，那就要记住：欣赏并真诚地赞美他！

第六章　情商提高影响力

◎ 倾听的艺术

在人际交往过程中，有时候，听比说还要重要。有些大人物曾经说过，他们对于善听者比之于健谈者更为满意。所以，在交谈中，我们不但要会说，还要学会倾听。如果你希望成为一个善于谈话的人，那首先做一个注意倾听的人。

卡耐基曾经应邀参加一场纸牌会。他不会打纸牌，另外有一位漂亮的女士也不会打，于是他们就一起坐下来聊聊天。

她知道卡耐基在汤姆士从事无线电事业之前曾做过她的私人经理，当时卡耐基曾到欧洲各地去旅行，帮助她预备要播发的讲解旅行的资料，所以她说："卡耐基先生，我想请你告诉我所有你到过的名胜及所见过的奇景。"

当他们在沙发上坐下的时候，对卡耐基说道："我跟丈夫最近刚从非洲旅行回来。"

"非洲！多么有趣！我总想去看看非洲，但除在爱尔裘士停过24小时外，其他地方还没到过。告诉我，你曾游历过经常有野兽出没的乡村，是吗？多么幸运！我真羡慕你！告诉我关于非洲的情形吧。"卡耐基说。

那次谈话谈一共进行了45分钟。那位女士不再问卡耐基到过什么地方，也不再问他看见过什么东西了。她不要听他谈论他的旅行，她

情商的世界

所需要的不过是一个专注的静听者，以使她能扩大自我，而讲述她所到过的地方。

在现实生活中，许多人都跟这位女士一样。

一次成功的商业会谈的秘诀是什么？

注重实际的学者以利亚说："关于成功的商业交往，没有什么神秘——专心注意对你讲话的人极为重要。没有别的东西会如此使人开心。"

其中的道理显而易见，我们谁都无须在哈佛读4年才能发觉这一点。但你我也知道，有的商人租用豪华的店面，陈设动人的橱窗，为广告花费千百元钱，然后雇佣一些不会静听他人讲话的店员，他们喜欢中止顾客谈话、反驳他们、激怒他们，甚至几乎要将客人驱出店门。

始终挑剔的人，甚至最激烈的批评者，常会在一个有忍耐和同情心的静听者面前软化降服。

数年前，纽约电话公司应付过一介曾咒骂接线生的最险恶的顾客。他咒骂，他发狂，他恫吓要拆毁电话，他拒绝支付某种他认为不合理的费用，他给报社写信，还向公众服务委员会屡屡声诉，并使电话公司引起多次诉讼。最后，公司中的一位最富技巧的"调解员"被派去访问这位暴戾的顾客。对于这位顾客无休止地抱怨，这位"调解员"静静地听着，并对其表示同情，任凭这位好争论的老先生发泄他的牢骚。

那位讲解员说："他喋喋不休地说着，我静听了差不多3小时，以后我再到他那里，继续听他发牢骚，我共访问他4次，在第四次访问完

毕以前，我已经成为他正在创办的一个组织的会员，他称之为'电话用户保障会'。我现在仍是该组织的会员。有意思的是，就我所知，除老先生以外，我是世上唯一的会员了。在这几次访问中，我静听，并且同情他所说的任何一点。我从未像电话公司其他人那样同他谈话，他的态度也变得友善了。我要见他的是，在第一次访问时，没有提到，在第二、第三次也没有提到，但在第四次，我圆满地结束了这一事件，使所有的账都付清了，并在他与电话公司为难的诉讼中，他第一次撤销他向公众服务委员会的申诉。"

无疑，老先生自认为公义而战，保障公众权利，不受无情的剥削，但实际上他要的是自重感。他先经由挑剔抱怨得到这种自重感，但在他从公司代表那里得到自重感后，他的不切实际的冤屈即消失得无影无踪了。

多年前，有一个贫苦的儿童，从荷兰移民到美国。他家非常贫寒，他每天要到街上，用篮子捡拾煤车送煤落在沟渠里的碎煤块。在学校下课后，为一家面包店擦窗，每星期赚半个美元。我们所说的这个孩子叫宝克，一生仅受过6年的学校教育，但最后竟成为美国新闻界非常成功的杂志编辑。

他怎么成功的呢？

他13岁离开学校，充任西障的童役，每星期工资6.25美元。但他一时一刻也未放弃寻求教育的意念。不但如此，他还自我教育。他把他不坐车、不吃午饭的钱省下积攒起来，直到足够买一部《美国名人传全书》。接着，他又读了名人的传记，写信给他们，请他们寄来有

情商的世界

关他们童年时代的补充材料。他是一个善于静听的人，他鼓励名人讲述自己的故事。

他写信给那时正在竞选总统的加菲大将，问他是否确实曾一度在一条运河上做运船童工；而加菲也复信给了他。

他写信给格莱德将军，询问某一战役，格莱德给了这位14岁的孩子一张地图并邀请他吃晚饭，并且和他谈了一整夜。他写信给爱默生并鼓励爱默生讲述关于他自己的话。这位为西联送信的小孩不久便和全美著名的人通信：爱默生、勃罗克、夏姆士、浪备洛、林肯夫人、爱尔各德、秀门将军及戴维斯。

他不只与这些名人通信，并且在他们假期的时候，还会去拜访他们中间的好多位，成为他们家里受欢迎的一个客人。

这种经验，使他产生了一种无价的自信心。这些名人激发了他的理想与志向，改变了他的人生。而所有这一切，只是因实行了我们所讨论的这一原则而已。

马可先生大概是世上最优秀的名人访问者，他说许多人不能让他对自己产生好印象，因为他们不注意静听。"他们极关心自己下面要说什么，他们不打开耳朵——一些大人物曾告诉我，他们更喜欢善于静听者而非善于谈话者，但能静听的能力，好像比任何其他好性格都少见。"不只大人物要求他人善于静听，连平常人也这样。有人曾说："许多人之所以请医生，他们所要的只不过是一个静听者。"这就是静听的妙处所在。

在美国最黑暗的内战时期，林肯给在伊里诺斯春田的一位老朋友

写过一封信，请他到华盛顿来。林肯说他有些问题要与他讨论。这位老朋友接到信后便到白宫拜访，林肯同他谈了数小时，都是关于释放黑奴的宣言是否适当的内容。

林肯对赞成及反对此事的理由都加以探究，然后阅读一些谴责他的信件及报纸的文章，有的怕他不放黑奴，有的却因为怕他释放黑奴而造成混乱。

谈论数小时以后，林肯与他的老朋友握手道声晚安，送他回伊里诺斯，竟然没有征求他的意见。整个谈话中，所有的话都是林肯说的，那好像是为了让自己的心情更舒畅一些。那位老朋友说："谈话之后他似乎稍感安适"。

林肯没有要求得到建议，他只要一位友善的、同情的静听者，使他可以发泄苦闷。那是我们在困难中都需要的，那也常是仇怒的顾客所需要的，一些不满意的雇员，感情受到伤害的朋友也都是这样。

如果你要知道如何使人躲避你，背后笑你，甚至轻视你，这里有一个最好的办法——决不静听别人说话，不断地谈论你自己。如果在别人谈话时，你有自己不同的意见，别等他说完，他没有你聪慧。为什么浪费你的时间去听他无谓的闲谈？即刻插嘴，在一句话当中打断他。

那些讨厌的人就是为自私心及自重感所麻醉的人。那些只谈论自己的人，只为自己设想。而"只为自己设想的人"，哥伦比亚大学校长巴德勒博士说："是无可救药的缺乏教育者。"巴德勒博士说："他确实没有教育，无论他如何受人指导。"

所以，如果你希望成为一个善于谈话的人，那就先做一个注意倾听他人之人，如果你想使他人对你感兴趣，那就先让他对你感兴趣。问别人喜欢回答的问题，鼓励他谈话自己及他所取得的成就。不要忘记在与你谈话的人，对他自己、他的需要、他的问题，比对你及你的问题要感兴趣100倍。

下次当你开始谈话的时候，就试用这一点：鼓励别人谈论他们自己，而你只做一个善于静听的人。

◎ 学会理解他人

人际交往是一门艺术，你若想交到真正的朋友，就必须掌握一定的交友技巧。在交友过程中，我们要学会记住和忘记一些事情，要懂得体谅和宽容。这样，才能使你的友谊之树常青，并且还能助你赢得更多的友谊。

有一次，阿拉伯名作家阿里和他的朋友吉伯、马沙一起去旅行。

当三人行至一个山谷时，阿里失足滑落，幸好吉伯拼命拉他，才将他救起。阿里就在附近的大石头上刻下了："某年某月某日，吉伯救了阿里一命。"三人继续走了几天，来到一处河边，吉伯与阿里为了一件小事吵了起来，吉伯一气之下打了阿里一耳光，阿里就在沙滩上写下："某年某月某日，吉伯打了阿里一耳光。"

当他们旅游回来之后，另一位朋友马沙好奇地问阿里："为什么要把吉伯救他的事刻在石上，将吉伯打他的事写在沙上？"阿里回答："我永远都感激吉伯救我。至于他打我的事，随着沙滩上字迹的消失，我会忘得一干二净。"

正如一位阿拉伯著名诗人萨迪所说："谁想在困厄中得到援助，就应在平日宽以待人。"记住别人对我们的恩惠，洗去我们对别人的怨恨，这样我们才能结交到更多的朋友。

玛丽从一所著名的医学院毕业，在一家大型医院上班。第一天，

病房里就有四五个人病逝。对她来说，这是一件可怕的事，她从来没有接受过处理死亡的训练，她的教育也未涉及这些。

有一位老人躺在病床上，孤零零地张大眼睛凝视着墙壁。她走过去看他，老人的眼睛充满泪水，声音颤抖地问了一个她从来没有预料到的问题："你认为神会宽恕我吗？"玛丽不知如何回答。她无话可说，只能隐藏在医师的专业地位背后。旁边没有牧师，她只能瘫痪般地站在那里，无法回答病人渴望帮助和得到谅解的请求。

在与人交往的时候，如果你想给对方一个好的印象，让别人喜欢你，那么你必须注意的一点是：谈论别人感兴趣的话题。

大凡认识罗斯福的人，都会对他的广博知识感到惊奇。"无论是一个牧童，猎骑者，纽约政客，还是一位外交家"，勃莱特福写道，"罗斯福都知道同他谈些什么，"那么罗斯福是如何做到这一点的？

其实答案很简单，无论什么时候，罗斯福接见一位来访者，他就会在这之前的一个晚上阅读有关这一客人所特别感兴趣的东西，以便找到令人感兴趣的话题。

罗斯福同所有的领袖一样，懂得与人沟通的诀窍——谈论他人最为愉悦的事情。前耶鲁大学教授、和蔼的费尔普早年就有过种教训：

费尔普在他的一篇关于人性的文章中写道，我8岁那年，有一个周末，我去拜望我的姑母林慈莱，并在她家度假。有一天晚上，一个中年人来访，他与姑母寒暄之后，便将注意力集中于我。当时，恰巧我对船感兴趣，而这位客人议论的话题似乎特别有趣。他走后，我向姑母热烈地称赞他，说他是一个多么好的人！对船是多么感兴趣！而我

的姑母告诉我说，他是一位纽约的律师，其实他对有关船的知识毫无兴趣。但他为什么始终与我谈论船的事情呢？

费尔普说："姑母告诉我，因为他是一位高尚的人。他见你对船感兴趣，所以就谈论能让你喜欢并感到愉悦的事情，同时也使他自己为人所欢迎。我永远记住了姑母的话。"

所以，要想让自己受人欢迎，就要知道别人喜欢什么。这样的故事还有很多，例如，一位在童子军中极为活跃的名叫查利夫的人曾有过这样的经历。

"有一天，我觉得我需要有人帮忙，欧洲将举行童子军大露营，我要请英国一家大公司的经理资助我的一个童子军的旅费。然而，在我去见这人以前，我听说他曾开了一张百万美元的支票，而当这张支票返回之后，他却把它置于镜框之中。"

"所以我走进他办公室所做的第一件事就是谈论那张支票——一张100万美元的支票！我告诉他，我从未听说过有人开过这样的一张支票，我要告诉我的童子军，我的确看见过一张百万美元的支票了。他很欣喜地向我出示那张支票。我表示羡慕他，并请他告诉我其中的经过情形。"

你注意了没有，查利夫先生没有谈论童子军，或欧洲的露营，或他所要做的事？他谈论的是对方所感兴趣的。事情的结果又怎样呢？

稍过片刻，我正在访问的人说道："我顺便问你，你要见我有什么事？"所以我告诉了他。

"使我非常惊奇地，"查利夫先生继续说，他不但即刻应许了

我的请求，并且比我要求得还多得多。我只请他资助一个童子军赴欧洲，但他竟资助了5个童子军，另加上我，并让我们在欧洲住了7个星期。他又给我开了介绍信，介绍给他分公司的经理，让他们帮忙。他自己又亲自在巴黎接我们，引导我们游览城市。自此以后，他给那些家境贫苦的童子军提供一些工作，而且现在仍在我们的团体中活跃地工作。

"但我知道，如果我不曾找出他所感兴趣的事，使他先高兴起来，那么我一定很难接近他！"

在商界，这不是一种很有价值的方法吗？下面让我们再看看另一个例子：

杜佛诺公司是纽约一家面包公司，杜佛诺先生想方设法将公司的面包卖给纽约一家旅馆。4年以来，他每星期去拜访一次这家旅馆的经理，参加这位经理所举行的交际活动，甚至在这家旅馆中开了房间住在那里，以期待得到自己的买卖，但他还是失败了。

"后来，"杜佛诺先生说，"在研究人际关系之后，我决定改变自己的做法。我先要找出这个人最感兴趣的是什么——什么事情能引起他的关心。"

我后来知道，他是美国旅馆招待员协会的会员，而且他正热心于成为该会的会长，甚至还想成为国际招待员协会的会长。不论在什么地方举行大会，他即使要翻山越岭，跋山涉水，也会及时赶到。

所以第二天我看见他的时候，我就从一开始就跟他谈论关于招待员协会的事。可想而知，我们得到了非常好的反应。他对我讲了半小

时关于招待员协会的事，他的声调充满热情地震动着。我可以清楚地看出，这确实是他很感兴趣的业余爱好。而且，在我离开他的办公室之前，他还劝我加入该会。

这次谈话，从始至终，我都没有提到任何有关面包的事情。虽然我和他的谈话，从表面上来看，好像并没有完成任务，或者说根本没有涉及工作任务，但几天以后，他旅馆中的一位负责人给我打来电话，要我带着货样及价目单去。

那位负责人对我说："我不知道你对那位老先生做了些什么事，但他真的被你搔着痒处了！"

无数事实告诉我们：如果你要使人喜欢你，那就要谈论别人感兴趣的话题。

第七章
情商改变思维方式

思维决定想法和行动。有什么样的思维方式，就决定了一个人会做出怎样的举动。正确的思维方式，会引导人们进行正确的思考；而错误的思维方式，只会让人走向迷途。尤其是一些固有的思维定式，对人的影响更是非常严重。因此，我们必须要学会改变自己的思维方式。

◎ 做思想的主人

作为思想的主人，人们拥有力量、才智与爱，掌握一把能够应对任何处境的钥匙。人拥有了这把钥匙，就等于自身有一种能蜕变和再生的装置，并借此帮助人们实现愿望。

即使处于一种十分悲惨的境遇，人们仍然能够主宰自己——即使在这种情况下，他是一个不能正确支配自己的愚蠢主宰。如果他能开始反思自己所处的境况，并努力地寻找种种人生处世道理的话，他就能脱胎换骨，成为一个能够巧妙引导能力与思想直至获得成功的智者。

有一位心理学家，他为了研究人的心境是如何受外在事物影响的，于是就开始进行一项调查，出乎意料的是，他在做调查的时候，看到这样一种现象：当一群人在做事情的时候，如果他怀着很好的心情去做，也就是说，他愿意做的时候，他就会把事情很快地做好，而且做的效果也越好。但是当你把困难看成是障碍，不愿意做的时候，感觉是应付的时候，出现的问题却越来越多，最后事情做完的效果也不好。

这个调查说明一个问题：人的心理是很微妙的，快乐能化解困难。因此，当人们面对一些事情的时候，要保持一种积极乐观的态度，要把困难当作是一种游戏，一种乐趣所在，这样，即使你在做的是一件非常繁琐甚至困难的工作，你也会觉得就像做游戏一样的轻松

自如，而且还能把事情做得很好。

　　我有一个高中同学就是这样。当时上高中，他的成绩一直都是挺差的，而且他对自己也很放纵，觉得自己没有什么把学习成绩提高上去的希望了，于是就破罐子破摔。平时上课的时候，他也不认真听课，他想的就是反正也不会做题，也不懂老师讲的东西，要提高成绩只能从头来，那实在是太困难了，他这种人是根本不可能做到的，到时候随便报考一个能上线的院校就可以了。

　　后来，学校老师根据他的变化对他进行了一些了解，当知道他抱着这种态度学习的时候，老师对他进行了心理教育。后来，他想了很久，最终，作出了一个令所有人都感到吃惊的举动——他居然把目标改到要报考全国重点院校。对于他来说，这个栏真的是跨得很高了。

　　当时，大家并不看好他，其实他自己也不相信可以考上，但是一点一点来吧，平时胡乱玩耍也是浪费时间，何不学一下，说不定自己还可以找到一些新的快乐呢！做数学就像在玩数字游戏，学化学就像是在了解世界物质等，这样他越来越感兴趣，总是自觉自愿地去翻查资料，知识面越来越广。而且他觉得学习根本就是一件快乐的事情，和踢球一样，即使流汗也快乐。高考那一年，他真的考上了重点大学。我们所有人都为他感到高兴。

　　所以，人的思想对自我是能够产生影响的。积极的思想就会让我们有积极的行为，通过不断的努力，最终取得成功；而消极的思想就会让我们做出消极的举动，我们自暴自弃，最终导致失败。

　　人的思想是由自己控制的。一个人只要有了自我控制能力，他完

情商的世界

－174－

全是可以走向成功的，这就给那些缺乏自我控制的人提了个醒，他们必须明白，自己是生活在社会中，为了更好地适应社会，取得成功，就必须控制自己的情绪情感，理智、客观地处理问题。

控制并不等于压抑，积极的情感可以激励你进取，加强你与他人之间的交流合作。如果你把自己的许多能量消耗在自己的消极情感上，不仅容易患病，而且也不会有足够的能量对外界作出强有力的反应，因而，一个高情商的人，应是一个能成熟地调控自己情绪情感的人。

应该说，能够进行自我调节是一个比较高的境界，因为很少有人能在遇到事情的时候，冷静地进行处理，更不用说可以进行自我调节了。但是，毕竟有人可以做到这样。如果你能做到这一点，你也就会明白，一个人只要有了好的心境，一切困难，都无所谓困难，即使眼前是万丈深渊，他也能够让自己拥有春天般的心情。因为在他们看来，苦难不是绝对的，它对弱者是万丈深渊，对强者是向上的阶梯。就像疾病一样，它使弱者的脏器受损，最后夺去弱者的生命，疾病同样能使强者的脏器更加强大，使人的抵抗力更加顽强。

我们想要一个什么样的心境，就看我们怎么去看待它，在走路的时候也是一样的，绊脚石总是存在于我们的脚下，一不小心就会使我们摔倒。这时候，如果你能够站起来，并轻轻地搬走那个绊脚石，你的阻碍就没有，可是你就会发现石头越来越多，总是在你的脚下让你躲闪不及，心情越来越糟糕；但是，如果你像个小孩子一样玩着踢石头的游戏轻轻地、不断地踢走它，等你到达路的尽头你就发觉，你一

路走来心情都是那么愉快，事情做好了，身心也更加舒畅了。

人有什么样的思想，最主要的就是看我们能否战胜自己，只要自己打败自己，就可以让积极占领上风，从而酝酿出乐观的种子，让其生根发芽，最后开出花朵，收获硕果累累。

很多人都会觉得，世界上最大的敌人就是自己，让自己战胜自己，谈何容易？其实，要战胜自己并不困难，首先是要战胜自己内心世界所存在的那份怯懦。因为失去自尊心的人是没有办法把握自我的。有许多人就是因为丧失了自尊心，所以不敢前进。像这种人他们总是有意无意地认为自己活在世界上，只配看那些运气好的人取得成功，他们认为自己只有这种资格。如果从事任何工作，他们每遭遇一次失败，更会以为自己一辈子也没有办法得到成功的幸福。

要使自己不成为"经常的失败者"，就要善于挖掘、利用自身的"资源"。虽然有时个体不能改变"环境"的安排，但谁也无法剥夺其作为"自我主人"的权利。

当今社会，已大大地增加了这方面的发展机遇，只要你敢于尝试，勇于拼搏，是一定会"东方不亮西方亮"的。许多鸿篇巨作之所以由逆境而生，许多伟人之所以由磨砺而出，就是因为他们有无论什么时候都不气馁、不自卑的意志！有了这一点，就会挣脱困境的束缚，获得使用生命的主动权。

总之，一个人的心理状态能体现出身体状态的好坏，心理状态好，身体也更好，力量也就越足。因此要学会打开那把久锁心境的锁，从而使自己的心灵能够放飞出去，去感受大自然的无限魅力，如

果你就能够做到这一点，你就会有一个好的身体，就能够拥有足够的力量，就能够战胜内心世界的那份怯懦，去挑战一切困难，直到取得成功。

第七章　情商改变思维方式

◎ 思维方式决定成败

我们在生活中处理某些事情的想法，完全取决于我们的思维方式。也就是说，当我们在做某件事情之时，脑海里总有一些浮动的想法，比如我们会产生做这件事情对自己是否有意义，做成之后是不是会得到感谢，别人怎么看我，以及不做也可以省很多事情的想法，等等。

同样的人，却过着不一样的生活，差别是什么，就是因为我们的思维方式不同。正因如此，我们要认识到，由于每个人的思维方式是不同的，而且有好有坏，所以我们就要形成良好的思维方式，认识到对自身思维方式不利的因素，并将其彻底除掉。

我们都知道，大凡成功的人，都是善于思考的人。而善于思考是由敢想和会想两个方面构成的，我们要想成就一些惊人之举，也要敢想，但是也要会想。因为敢想才能敢干，会想才能巧成。

当别人失败时，你如果可以从他人的失败中吸取教训，得出正确的想法，然后付诸行动，你就有可能成功。当你自己失败了，你也只要转换一个角度，换一个思维方式，产生一个正确的想法，紧跟下一个行动，你同样可以获得成功。

1939年，美国芝加哥北密歇根大道的办公楼群可以说是惨不忍睹。每一座豪华的大厦里面都是空空如也，没有一丝忙碌的气氛。一

座楼出租了一半就算是幸运的。这是商业不景气的一年，消极的心态像乌云一般笼罩在芝加哥不动产的上空。那时，人们常常能听到这样一些论调："登广告毫无意义，根本就没有钱。"或"我们没有必要工作了。"然而就在这时，一位抱着积极心态的经理进入了这个景象黯淡的地区。萧条的景象反而给了他一个奇特的想法，而他也毫不犹豫地依照这个想法行动了起来。

这个人受雇于西北互助人寿保险公司来管理该公司在北密歇根大道上的一座大楼，公司是以取消抵押品所有权而获得这座大楼的。他开始做这份工作时，这座大楼只租出了10%。但不到一年，他就使它全部租出去了，而且还有长长的待租人名单送到他的面前。为什么短短时间内情况会发生这么巨大的变化呢？记者采访他时，他介绍了他对整件事情的思考：我准确地知道我需要什么。我要使这些房间能100%地租出去，在当时的情况下，要做到这一点是很难的。因此我要把工作做到万无一失，必须做到下列几点：

1. 要选择称心的房客。

2. 要激发吸引力：给房客提供芝加哥市最漂亮的办公室。

3. 租金一定要比他们现在所付的房租低5%。

4. 如果房客按为期一年的租约付给我们同样的月租，我就对他现在的租约负责。

5. 除此之外，我要免费为房客装饰房间。我要雇用富有创造力的建筑师和内装工，根据新房客个人好恶来改造装饰每一间办公室，使他们真正满意。

通过推理，我们可以得到下面几点认识：

第一，如果一个办公室在以后几年中还不能出租，我们就不能从那个办公室得到收入。我们到年底可能得不到什么收益，但这种情况总不会比我们没有采取任何行动时的情况更糟。而我们现在的境况应该更好，因为我们满足房客的需要，他们在未来的年份中会准时如数地交付房租。

第二，出租办公室仅以一年为基数，这是已经形成了的习惯。在大多情况下，房间仅仅只空几个月，就可接纳新的房客。这样，我们就能在尽可能短的同期内得到新的租金。

第三，在一所设备良好的大楼里，如果一个房客一定要在他租约期满的那一年的末了退租，也比较易于再租。免费装饰办公室也不会得不偿失，因为这会增加全楼的股票价值。结果证明，装修后的效果十分不错。每一个新近装饰过的办公室似乎都比以前更为富丽堂皇。房客都很热心，许多房客花费了额外的金钱。有一个房客在改建施工任务中就花费了22000美元。

我们不妨对上述整个过程再回顾一次，从而可以获得一些更为清晰的了解及更深刻的认识。

有一个人面临着一个严重的问题。他手上有一座巨大的办公大楼，可是这座大楼十分之九的办公室都是空闲未被租用的。然而，在一年内这座大楼便100%地出租了。现在，就在隔壁，仍有几十座大楼是空荡荡的。而造成这天壤之别的决定性因素就是经理人不同的思考角度及不一样的心态。

情商的世界

一种人说："我有一个问题，那是很可怕的。"

另一种人说："我有一个问题，那是很好的！"

如果一个人能够抓住那个尚未显露时的好机会，洞察它并寻求解决，那么，他就是懂得正确思考之要义的人。如果一个人能形成一种有效的想法，并紧接着付诸实践，他就能把失败转变为成功的人。

总之，成功是"想"出来的。不但要敢"想"，还要会"想"，要知道，善于思考、思考成功、思考未来的人，才会是成功的候选人。对于一个善于思考的人来说，他可以办成自己本来办不成的事，也可以办成别人难以办成的事。

第七章 情商改变思维方式

◎ 积极的思考

积极的思考，会让人产生积极的正能量。

多年以前，在圣路易斯，有一个非常杰出的脑科大夫，他是华盛顿大学脑科手术室的主任，他所做手术的成功率几乎可以称之为奇迹，有许多人千里迢迢地来找他求医。当然，也有人对其不屑一顾，尤其是那些年轻的医科学生，他们可能会这样说："他只不过是个幸运儿，他只不过幸运地有这种才能。"

但是，他到底是一个幸运儿，还是真的很有实力，我们不要太早下结论，让我们看看这位欧内斯特·塞克斯大夫的过去。

许多年以前，当他还是一个实习医生在纽约的一家医院实习的时候，一位医师因为无法拯救病人而感到痛心，因为大多数的脑瘤都是无法治愈的，但他相信，有一天，一定会有一些医生，有勇气去挑战病魔，去拯救那些受苦的生命。

年轻的欧内斯特·塞克斯就是这样一个有勇气面对挑战的人，他有勇气去尝试几乎不可能完成的任务。当时，在美国从来没有过成功治愈脑瘤的先例，唯一能给这个年轻人一些指导的人是一位在英国的大夫——维克多·霍斯利爵士，他对脑的解剖结构的了解超过任何人，是英国脑科医学界的一位先锋人物。

塞克斯获准跟从这位英国医学家工作学习，但在前往英国学习之

情商的世界

前，他还做了另一件很有意义的事。因为想要为在这位著名医学家手下工作打好基础，塞克斯花了6个月的时间到德国求教于那里最有能力的医师，这是许多年轻人不愿花时间去做的事情。维克多·霍斯利爵士对这个美国年轻人的认真和勤奋感到非常惊讶，为他仅仅为做准备工作就花了6个月时间而感动，所以直接就把他带回自己家里。

在此后的两年时间里，他们一起对猴子进行了多项实验，这为塞克斯未来的事业奠定了坚实的基础。塞克斯回到美国以后，主动提出治疗脑瘤的要求，但是他却遭到了嘲笑，面临着各种障碍，他没有必需的设备，仅能靠不屈不挠的精神去努力实现自己的理想。正是靠着这股坚忍不拔的毅力，才使大多数的脑瘤患者在今天可以得到治疗。

塞克斯大夫通过训练年轻的医师来传授他的技能，他还在全国建立了许多脑科中心，让每一位有需要的患者都能够就近得到治疗。他的书《脑瘤的诊断和治疗》已经成为医治脑瘤病症的权威著作。

在很多人看来，也许有些事我们永远都无法办到，但是有人却能把这些变为事实，活生生的事实。你可以不相信，因为这也许就是奇迹。别人可以，为什么我们就不能呢？

"当当当——"一位塞尔维亚的牧羊少年在敲打一把长刀的刀柄，但因为刀锋被插在了草地里，所以躲藏在玉米地里的来犯者听不到这个信号，但附近的牧羊少年则可以把耳朵贴在地上听到这个警告，正是这个简简单单的办法，使塞尔维亚牧民成功地对付了藏匿于草丛中夜幕下的罗马尼亚窃畜贼。这些牧羊少年长大之后大都忘记了这种通过地面传声发出警报的办法，但有一个人例外，他在25年之后

以此为理论基础做出了一个划时代的伟大发明，他就是米哈伊洛·伊德夫斯基(1858—1935，匈牙利裔美国物理学家和发明家)。他使本来只能在一个城市内通话的电话能够长距离使用，哪怕跨越大陆。

也许面对残酷的现实，面对竞争激烈的可怕社会，我们没有足够的勇气和胆量，站出来勇敢地说，创造自己的生活，我们只能平凡地接受这个世界给我们的一切，但是我们还不甘心。

我想知道，为什么我们在现实中就不能创造，就没有这样的机会？真的没有吗？机会在你每一天的生活中处处皆是，许多伟大的发明就是通过对平常的东西进行不平常的思考而得来的。但是我们要知道，正确思考也是需要遵循一定原则的，具体如下：

1. 问问自己，你想要做什么

翻开你思考成功的笔记，将你喜欢或你做得很好的事情列成一个清单。或把什么事情都记下来——蠢事、新鲜事和你感兴趣的事。检视一下你的清单，并想想你要如何成功。让思想飞舞，写下你所有的想法，甚至看起来好像疯狂或不切合实际的想法。酝酿了好多天的想法常常由于没有记下来而无法实现。

2. 帮助别人取得成功

跨进别人创造的天地，运用小恩惠来协助他人。找出他们特殊、非比寻常的能力，并助其开花结果。你可以替他们规划产品和开发市场。这是提高自我创造能力的一个重要方法。

3. 研究新事物

对新奇事物保持开阔的胸襟，然后进一步探究。这项新产品或意

见会引发什么新想法？它的用途及前景如何？而我们可能要创造什么样的前景？

4. 抓住机会

你要知道，最佳时机常常稍纵即逝，所以，你应提高警觉！例如，传真机的前景很好，有什么新点子是你所能想到的，能够让传真机与市场有所结合？国外有家快餐店就想了一个好主意：他们让上班族将午餐订单传真到店里点餐。餐厅则利用传真机，将午餐菜单与特别餐菜单传真到当地企业的办公室里。现在这些功能也即将对家庭这个市场开放，你最好赶紧在传真世界击败你之前，找出能在家中运用传真机的方法，并快速占领这个市场。

5. 不要禁锢自己的思考

当初，人们嘲笑莱特兄弟俩，嘲笑他们认为人类终有一天可以在月球上漫步的想法，但如今却成事实。你心中有什么想法？这些或许是不可能的、愚蠢的或好笑的，但把它们记下来，过段时间再拿出来看，说不定你会找到个"金矿"。

6. 找出别人的需求

有个化学家发现今天面临的最严重的问题是，充斥了化学废料的环境。因此，她有了一个想法。经过进一步的研究后，她发现某些废弃物可用来再生，使其成为别的化学物品。于是她收集某公司的废弃物，来供另一家公司再使用，以此获得巨大的财富。

除了化学物品之外，有许多东西在这家公司是废弃物，而对另一家却是可再使用的宝藏。填充物就是一个很好的例子——找一家要处

理填充物的公司，再找一家要买这些填充物来包装他们产品的公司。说不定先前那家公司还要花钱来请你将这些废物弄走呢！

将这些可以满足他人需求的事情写下来！就你所熟悉的事物为主题来写部书，或是从你"喜欢做的事"的清单上挑选个主题。其他人或许可以从你的知识里获得好处，去满足一个需求——将你专业领域里的那道信息鸿沟填满。

7. 注意服务

许多旧式的服务已经消逝了，这个领域空了下来，而它正等待一个聪明的经营者来占领。不要只是想着提供新式的服务项目，而要将旧的、有必要的再找回来。你想要有什么样的服务项目？着手去做吧！

8. 多付出一点儿

永远要让付出大于获得，这是成功之人的秘诀。假如你是那种收一分钱，便只做一分事的人，那你一辈子都是薪水的奴隶。

9. 助人者自助

在市场销售方面，依着这个原则，成就了很多国际知名的大型企业，同时有很多人借助其企业而赚钱。《华尔街日报》指出，到了两年以后，大多数商品是由市场网络卖出的。

10. 立即行动

你还在等什么？马上行动吧！不要用一些"我没有足够的钱""我了解得不够""还没做好准备"等借口来拖延。要知道，任何形式的拖延，都意味着失败。要想成功，就要做到：只要有了想法，就要立即将其变成行动。这样，才能看到成功的曙光。

◎ 跳出思维定式

　　一个人如果敢于突破传统思维，独辟蹊径，你就能得到意想不到的收获。我们的大脑是否灵活，不在于一下子就能想到新奇而正确的答案，而在于能迅速而灵活地变换思路，不断产生新的想法；在于能跳出一贯的思路，用一种新的思维方式去思考。这样就能产生出新的、创造性的思维方式了。

　　其实，很多时候，再大的困难，也没有什么值得可怕的，因为，只要你肯换一种思维方式，你就会发现，摆在你眼前的困难根本不值一提。

　　A公司和B公司都是生产皮鞋的，为了寻找更多的市场，两个公司都往世界各地派了很多销售人员。这些销售人员不辞辛苦，千方百计地搜集人们对鞋的各种需求信息，并不断地把这些信息反馈回公司。

　　有一天，A公司听说在赤道附近有一个岛，岛上住着许多居民。A公司想在那里开拓市场，于是派销售人员到岛上了解情况。很快，B公司也听说了这件事情，他们唯恐A公司独占市场，赶紧也把销售人员派到岛上。

　　两位销售人员几乎同时登上海岛，他们发现海岛相当封闭，岛上的人与大陆没有来往，他们祖祖辈辈靠打鱼为生。他们还发现岛上的人衣着简朴，几乎全是赤脚，只有那些在礁石上采拾海蛎子的人为了

避免焦石硌脚，才在脚上绑上海草。

　　两位销售人员一到海岛，立即引起了当地人的注意。他们注视着陌生的客人，议论纷纷。最让岛上人感到惊奇的就是客人脚上穿的鞋子。岛上人不知道鞋为何物，便把它叫作脚套。他们从心里感到纳闷：把一个"脚套"套在脚上，不难受吗？

　　A看到这种状况，心里凉了半截，他想，这里的人没有穿鞋的习惯，怎么可能建立鞋的市场？向不穿鞋的人销售鞋，不等于向盲人销售画册、向聋子销售收音机吗？他二话没说，立即乘船离开了海岛，返回了公司。他在写给公司的报告上说："那里没有人穿鞋，根本不可能建立起鞋的市场。"

　　与A的态度相反，B看到这种状况时却心花怒放，他觉得这里是极好的市场，因为没有人穿鞋，所以鞋的销售潜力一定很大。他留在岛上，与岛上人交上了朋友。

　　B在岛上住了很多天，他挨家挨户做宣传，告诉岛上人穿鞋的好处，并亲自示范，努力改变岛上人赤脚的习惯。同时，他还把带去的样品送给了部分居民。这些居民穿上鞋后感到松软舒适，走在路上他们再也不用担心扎脚了。这些首次穿上了鞋的人也向同伴们宣传穿鞋的好处。

　　这位有心的销售人员还了解到，岛上居民由于长年不穿鞋的缘故，与普通人的脚型有一些区别，他还了解了他们生产和生活的特点，然后向公司写了一份详细的报告。公司根据这些报告，制作了一大批适合岛上人穿的皮鞋，这些皮鞋很快便销售一空。不久，公司又

制作了第二批、第三批……B公司终于在岛上建立了皮鞋市场，狠狠赚了一笔。

同样面对赤脚的岛民，A公司的销售员认为没有市场，B公司的销售员却认为大有市场，两种不同的观点表明：两人在思维方式上有极大的差异。

简单地看问题，的确会得出第一种结论，但是，通过认真思考，像后一位销售人员那样，能够及时换一种思维角度，从而从"不穿鞋"的现实中看到潜在市场，并通过努力获得了成功。

因此，同样的风景，用不同的角度去欣赏，就会看到不一样的美丽。同样，生活和工作也是如此，用不同的思维去思考相同的事物，我们就看到不一样的东西，也许就可以将不利转化为有利，进而取得成功。

詹姆斯·艾伦说："一个人的思想往往决定他所能取得的成就和所能达到的高度。"

是的，在一个公正规范的世界里，如果没有平衡那就意味着毁灭。人们应该加强对这个世界的责任心。怯懦或勇敢，纯洁或不纯洁都是人们自己选择的而非别人强加到头上的，所以也只有人们自己才可能改变自己。人们所处的环境也是由自身选择而不是别人决定的，所以也只有自己才能把握住自己的幸福。

真正可以改变自己的，只有自己。一个人即使非常强壮，也不能改变一个虚弱的人，除非虚弱的人自己决定要改变。弱者只有通过自己的不懈努力，才有可能使自己由虚弱变得强壮，使自己拥有曾经非

常令人羡慕且只有强大才有的力量。只有自己，才能改变自己所处的环境；只有自己，才能改变自己的人生。

一个人想取得成就，哪怕是世俗的物质成就，他都必须使自己的思想脱离低级趣味。成功虽然并不需要他以放弃人的本性作代价，但却要求他必须牺牲其中的一部分。假如一个人满脑子全是低级趣味的思想，那么他肯定不能清晰地思考，也不能理智地工作。他不可能发现和发挥自身的潜在力量，所以他会处处失败，最严重的是，他还不能像正直的人那样能控制自己的思想，无法承担责任或控制局面，没有能力独立应付发生的事情。实际上，他是被自己所选择的思想拖垮的。

因此，一个人若想出人头地，飞黄腾达，那么他就必须先使自己的思想升华，高到一定的境界，如果一个人拒绝让自己的思想进行提高，那么他将永远在怯懦和悲观的境界里徘徊，永远看不到希望的光芒。

所以说，一个人只要能够换一种思维方式看问题，就能在做事情时遇到峰回路转的契机，同时才能赢得一片新的天地，开启一个崭新的人生。

◎ 培养你的潜意识思维

每个人都知道，这是一个需要创新的社会，一成不变的观念将会带来毫无生机的局面。人类要想发展，时代要想进步，就要求人突破传统的思维模式，这样才能发挥我们身上强大的潜能，为社会做出更多的贡献。

假如一个人的心灵受到束缚，他的热情就会被抑制。要改变僵化的思维定式，需要我们改变观念，不断地学习新的知识，并随着形势的发展不断调整和改变自己的行动。要知道，不善于改变思维的人，就根本不可能找到成功的路径。

有这样一个故事：

几年前，皮尔有一位很好的朋友，叫皮尔森，那人是他的裁缝，住在布鲁克林。皮尔森先生每次为他裁剪一套西服之后，都不忘教导他如何维护这套西服，使它不至于变形。

"每天晚上就寝前，把每个口袋里的东西全部掏出来，"他说，"以免衣服鼓胀而变形。"同进向他示范如何把裤子挂起来：两条裤管叠在一起，挂在衣架上，这样才不会产生褶皱。

跟大多数男人一样，皮尔身上也带有一个皮夹子、一个信用卡袋、钥匙、铅笔、钢笔，同时也带着一把小剪刀，以便随时把有趣的文章剪下来。他的口袋相当于一个档案柜，装着一天累积下来的各种

笔记和备忘录，有时候甚至是几天来累积下来的。他经常掏空口袋，以便重新整理那些收集来的各种资料。他总是把那些一度细心整理的东西加以检查，然后把它们收集起来，他觉得这是莫大的乐趣。最后，他把笔记和钥匙等其他东西，一起放在抽屉里，以便第二天作处理。

在这种情况下，本来杂乱无章的一堆东西，就被整理得十分妥当，也因此帮助他带着平静的思想和情绪安然入睡，而不会有事情尚未做完的罪恶感。

这种把口袋掏空的仪式进行了几个礼拜之后，他开始体会到有效处理笔记和备忘录的愉快感觉。于是，他开始想到把这同样的程序，应用到处理一个人累积下来的思想、疲惫的态度、沮丧的感觉、悔恨、气馁——这些东西使得人们的头脑变得杂乱无章。根据这些原则，他开始找出并对付所有那些陈旧、疲惫、麻木、沮丧的念头，并且有意识地把它们想象成从意识中流出来，有点像是看着它们流进排水沟。

他对自己说："这些念头现在从我脑中流出去了——流出我的头脑。它们逐渐离开我的身体——离开、离开，甚至就在此刻，它们完全离开了。"

在这一切得到证实之后，他接着采用一种科普米尔在他的一本著作中所建议的方法，这种方法可帮助人们迅速地入睡，就是想象"看见"一阵浓雾在意识中涌现出并翻滚，把一切事物完全遮蔽了。他发现，采用这种方法之后，人更容易迅速入眠，那些可能刺激头脑的思

想，则迷失在那阵无法渗透的大雾弥漫的模糊中。那阵大雾在意识和现实的世界中，形成一面墙。结果为他带来一场香甜的睡眠，醒来之后，他觉得浑身充满新的力量。

通过运用这个方法，皮尔恢复了每一天所必需的能力和活力，也为他提供了一个更好的生存方法，使他永远都充满继续前进的奋斗精神。

很多人可能会有这样的经历。参加考试的学生，当拿到考卷的时候，经常会发现，原来熟记于心、背得滚瓜烂熟的东西一时都想不出来了。只觉得头脑中一片空白，回想不起任何和考试内容相关的东西。这时，如果你越是想记起某些东西，越是和自己较劲，你就越是想不起来。在这种情况下，你最好的选择，就是暂时把它放弃，做那些你可以记住的东西。等到全部试题都答完了，再回过头来考虑刚才想不起来的问题。还有些东西，你真的是在考试时难以想出它的答案，可是当你走出考场，心中的压力全都解除了，那些你怎么也想不出的答案，却神不知鬼不觉地跑了出来。

对大脑使用强迫性力量，其实是你自己给自己预先设下了对立面。如果你的思维集中于解决问题的方法或过程，那么，它就不会关注于问题本身。对于任意想法、愿望或头脑意象而言，意识与潜意识之间必须达成某种默契。只有二者之间不存在任何的冲突，答案才会出现。

所以，为避免愿望和想象之间出现"打仗"的情况，你在进行祈祷时，最好让自己进入意识模糊的状态，比如将要睡着的时候、刚刚

起床的时候，这种时候，既有助于排除各种杂念的干扰，又是潜意识思维活动的"高峰期"，潜意识能够老老实实地听你的安排。

有一点需要注意的是，当你运用潜意识思维时，不要使用意志力，不要假定会存在任何对手。你需要做的，就是想象目标已经实现后，你的那种喜悦和高兴的状态。这时，你将会发现，自己的某些"悟性"与"智慧"总想站起来，试图挡住潜意识的前进之路。别去管它，你尽力保持一份单纯而强烈的信念足矣，它终将产生奇迹。

要想潜意识作出有效的回应，有一个相当可行的方案，那就是运用一切科学的手段，"激活"头脑中的想象力。

另外，你也可以诉诸有效的"祈祷术"，具体的方法如下：

首先，对你的问题进行分析；

其次，把解决问题的任务下达给你的潜意识思维；

最后，酝酿情感，对潜意识的能力寄予完全的信任，坚信你的问题一定能够得到解决。

需要注意的是，在实施祈祷的时候，不要流露出"我希望自己有可能痊愈"，"但愿一切顺利"之类的字眼。这种意识的努力不会起到任何作用，即使起到作用，也是负面作用，这样做的结果只能使潜意识思维产生抗拒心理，从而使你的愿望泡汤。所以，我们的言词要充满无限的权威，充满坚定的力量。我们要对自己说"我相信将一切顺利"或者"我一定能够痊愈"，等等。

要想让潜意识真正发挥作用，就要让潜意识说出自己的要求和渴望，这是非常必要的，但是完成这一过程的时候，需要我们全身放

松，以一种平和的心态进行，只有这样，潜意识才能自主地工作，并发挥力量。

切记：在这个过程中，不要过分关注细节和手段，重要的是你的心态。不论何时，只要你想要解决的问题得到了解决，你就要记住这种成功后的快感，用那些快乐来愉悦自己。

◎ 思维决定心态

按照人的生理特点来说，人到了70岁左右，身上的各种器官都开始变得衰老，并且无所作为。但是，在更为开放与文明的未来，我们可以把70岁视为"中年"。因为有一项科学研究发现，有的人属于"青年型"，而有的人属于"老年型"。二者的区别在于，前者到了40岁以上时，仍然觉得自己尚且年轻；而后看在此年龄段时，便自觉已近"中年"，青春不在。

其实，在我们人生旅途中，没有牺牲就没有进步和成就，衡量一个人所取得成就的尺度，应包括摒弃的兽性的思想，只有果断地抛弃兽性的思想，他才能全身心地投入到自己的计划中去，才能增加自己的毅力和信心。他的思想境界高了，他的魅力和勇气也会与日俱增，他的成就也会更高。

应该说，这个世界是无比厌恶那些贪婪者、虚伪者和恶毒者的，虽然我们在表面上无法看到这一点。但是不管怎样，世界青睐高尚者和大公无私者。人类历史上所有伟人的事迹都证实了这个观点。如果你也想证实这个观点，那么他就必须坚持自己正确的思想，使自己的思想越来越高尚。

人的潜意识思维永远不会老，它无时无刻不在洋溢着活力，它能使你永葆青春活力，一往无前。

所以，我们永远不要停止工作，如果你对自己说"我已经退休了，我老得不中用了。"那么，你就是主动放弃，这无异于人生的第二次死亡。对于身心健康与个人形象而言，你的大脑、你的思维，是起着核心作用的"设计大师"。这也就是为什么有的人在30岁时身心已介入老年，而有的人在80岁时身心依然年轻。

英国剧作家萧伯纳在90岁时，创造性思维依然非常活跃，并自信有着"当代人中最清醒的头脑"。他的剧本里睿智迭现，在生活中也是幽默潇洒、风趣独到，从而成为世界文坛名副其实的"常青树"。

相反，现实生活中相当多的人却过于惧怕长大、变老。随着年龄的增加，他们相信大脑与身体的活力会渐渐流失殆尽。这种心态，只能使之快速地落入早衰的境地。

的确，一个人的确易于老化，也终将会变老，但是假如他人未老的时候，却失去生活的兴趣，不再幻想，不再追求新的事物，不再征服新的生活目标，那么这无异于自己宣告提前死亡。

不同的心理预期，使潜意识思维产生相应的创造性机制。到一定年龄时，人们开始下意识地疏于锻炼；从而使身体各处的柔性和灵活性大大丧失。缺少体力锻炼，会使人体的毛细血管收缩，并最终失去作用。

在人体内，毛细血管是废弃的"人体垃圾"的出路。倘若缺乏一般性活动乃至较为激烈的运动锻炼，最终将使毛细血管变得"干涸"、滞塞。

不仅仅体力活动是生命力的重要特征，脑力活动同样如此。这正

是科学家、发明家、画家、作家、哲学家不但寿命要长于普通人，而且能更长久地保持创造力的原因。例如，米开朗琪罗年逾80岁时，完成了生命中最杰出的几部作品；歌德在80岁以后，写出了不朽的巨著《浮士德》；爱迪生到了90岁仍有发明创造。

在退休后，许多人的健康每况愈下，这并不是退休本身所致，一无所有和被社会淘汰的感觉，使之丧失了绝大部分的自尊、勇气和自信。心理学家认为，人在25岁时，潜意识能量便达到顶峰，从此开始逐渐下降。后来，心理学家又发现，人在35岁左右达到智能的顶峰，然后将这个水平一直维持到70岁以上。

因此，即使我们到了70岁的时候，我们一样有奋斗的基础和条件，我们依然可为实现自己的目标而努力争取。如果你的思维乐于面对新思想、新理念；如果你能够拉开窗帘，让生活赋予的清新而迷人的灵性之光照彻全身的话，你就会变得年轻、有活力，充满激情。此外，人的智力上的成熟，是追求知道或探索自然与生命的结果，虽然这些成熟有时候好像与人们的野心和虚荣心有关，但实际上，它们并非是野心和虚荣心所致，而是长期坚持奋斗、不断提高个人思想的自然结晶。

实际上，人们所谓实现理想，所指的就是精神上取得的成就。思想崇高的人和心地善良纯洁的人，都会养成高贵无私的品德，而且这种品质还会不断地升华提高，直到最辉煌的境界。这就像太阳正午最高，月亮会出现满月的道理一样。到了一定的时间，就会出现相应的结果。

情商的世界

所有的成就——不管是商场上的，精神领域里的，还是智力上的，它都是正确思考的结果，都具有同样的游戏规则和行动规律，它们之间唯一的区别是奋斗的目标各不相同。

无论任何形式的成熟，都是因为有了正确理想。人通过自我控制和果断正直积极的思考，可以得到升华。而低俗无聊、懒散颓化的思考，会使人走向堕落。所以有人曾说："一个在世上取得了巨大成就的人，或者在精神领域里拥有极高地位的人，一旦放纵自己，允许傲慢、自私、无理性的思想再次出现在脑子里并任其发展，那么他必将回到失败的困境中。"

"我们之所以年老，不是因为年龄，而是因为我们对年龄增长的情感和态度。"心理学家哈契内克曾这样说道。所以说，思维决定心态，思维决定行为，我们的思维到了哪里，我们就能想到哪里，做到哪里。只要我们能够不断地给自己增加信心、勇气、兴趣，我们就可以延缓衰老，让自己永远活在一个年轻的世界里。

第八章
情商影响我们的快乐

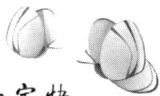

地位高，不一定快乐，学历高，也不一定快乐，有权有势，不一定能够快乐，有钱，也不一定就快乐。只有懂得知足和感恩，只有怀着一颗善良之心，我们才能够真正得到快乐，享受快乐。

◎ 让自己快乐起来

现代社会，各行各业，竞争激烈，人们工作压力大，生活节奏快，即使是腰缠万贯，富甲一方的人也很难真正体会到快乐的感觉。为什么人们想得到一点快乐都变得这么难了呢？到底什么是快乐呢？

其实，快乐是一种感觉，它会给人的生命注入一份活力与生气，使人从痛苦、贫困、艰难的处境中解脱出来。快乐是保持生命充满活力的最佳良药。

有一位年逾七旬的诗人，他的一生中有很多年轻貌美的异性朋友，她们都是活泼、天真、可爱的姑娘。在他保留的相册中，有她们一张张青春无邪的笑脸，就像置身在大自然的鲜花绿草之中。老诗人鹤发童颜，眼睛里闪着睿智的光芒，他说："在逆境中，是她们告慰了我这颗即将衰老和绝望的灵魂。我对她们的迷恋，是一种圣徒对自然天性的崇拜，是对虚伪人生的逃避，是对衰老与死亡的抗拒。"

得到和拥有不一定能够快乐，但是如果你获得了一种超越了占有的感觉，也许你就会因此而快乐起来，而且更加有勇气和信念面对人生。

那么，我们如何才能让自己活得快乐的感觉呢？

1. 精神胜利法

当然，也许有人会说，上述的老人这不就是苦中作乐吗？有什

么可称赞的？其实不然，真正的苦中作乐不是自我麻痹，不是消极退却。如果大家都那么锋芒毕露、以牙还牙，多些理解、尊重，世界也就不会被扭曲。诗人流沙河曾写过一首诗：我们将平分欢乐与忧愁，在眉宇间看出对方的心事……

其实这就是鲁迅笔下，阿Q的那种精神胜利法的体现。那么，什么是精神胜利法呢？

所谓的精神胜利法是一种有益身心健康的心理防卫机制。在你的事业、爱情、婚姻不尽人意时，在你因经济上得不到合理的对待而伤感时，在你无端遭到人身攻击时或不公正的评价而气恼时，在你因生理缺陷遭到嘲笑而寡欢时，你不妨用阿Q的精神调节一下你失衡的心理，营造一个祥和、豁达、坦然的心理氛围，也许你会得到不一样的体验。

2. 难得糊涂

其实，人没有必要活得那么明白，有时候，难得糊涂法是使心理环境免遭侵蚀的保护膜。在一些非原则的问题上"糊涂"一下，无疑能提高自己的心理承受能力，避免不必要的精神痛苦和心理困惑。有了这层保护膜，会使你处惊不乱，遇烦恼不忧，以恬淡平和的心境对待各种生活的紧张事件。在今天这个社会中，能够拥有一个淡定的人生，从容的人生，实在是难能可贵的。如果你能做到，那一定要倍加珍惜。

3. 学会幽默地生活

幽默人生法这是心理环境的"空调器"。当你受到挫折或处于尴

尬紧张的境况时，可用幽默化解困境，维持心态平衡。幽默是人际关系的润滑剂，它能使沉重的心境变得豁达、开朗。

4. 懂得随遇而安

随遇而安法是心理防卫机制中的一种心理的合理反应。培养自己适应各种环境的能力。古人去："吃亏是福"……生老病死，天灾人祸都会不期而至，用随遇而安的心境去对待生活，你将拥有一片宁静清新的心灵天地。

5. 宣泄法

心理学家认为，宣泄是人的一种正常的心理和生理需要。你悲伤忧郁时不妨与异性朋友倾诉；也可以进行一项你所喜爱的运动；或在空旷的原野上大声喊叫，既能呼吸新鲜空气，又能宣泄积郁。当你出现焦虑、忧郁、紧张等不良心理情绪时不妨试着做一次心理"按摩"——音乐冥逛"维也纳森林"、坐邮轮马车……

人们之所以感到忧虑，很普遍的一个原因是想胜过别人。我们每个人都必须做我们自己，我们不可能完全像另一个人。我们如果想用一种不属于我们的方式去做一件事情，是不可能成功的。这或许就是我在上面提到的阿Q精神，但是这种精神除了体现出国民的劣根性之外，必要的时候还是可以获得一种心理上的平衡。当然这只是一种暂时的策略，只有心理放平衡了，才能用一种正确的态度去从根本上解决问题。

从情商的角度来看，乐观面对挑战或挫折时不会满腹焦虑、不绝望忧郁，不会保持失败主义和意志消沉。高度乐观的人具有共同特

质，能自我激励，能寻求各种方法实现目标，遭遇困境时能自我安慰，知道变通，能将艰巨的任务分解成容易解决的部分。

麦特·毕昂迪是美国知名游泳选手，1988年代表美国参加奥运会，被认为是极有希望继1972年马克·史必兹之后再夺7枚金牌的人。但毕昂迪在第一项200米自由式竟落后居第三，第二项100米蝶泳原本领先，到最后一米硬是被第二名超了过去。

许多人都以为，两度失利将影响毕昂迪后续的表现，没想到他在后5项竟连续夺冠。对此，宾州大学心理学教授马丁·沙里曼并不感到意外，因为他在同一年的早些时候，曾为毕昂迪做过乐观影响的实验。

实验方式是在一次游泳表演后，毕昂迪表现得很不错，但教练故意告诉他很差，让毕昂迪稍作休息再试一次，结果更加出色。参与同一实验的其他队友却因此影响成绩。

乐观者面临挫折仍坚信情况必会好转。从情商的角度来看，乐观能使人陷入困境中的人不会感到冷漠、无力感和沮丧。乐观和自信一样，使人生的旅途更顺畅。

乐观的人认为失败是可改变的，结果反而能转败为胜。悲观的人则把失败归之于个性上无力改变的恒久特质，个人对此无能为力。不同的解释对人生的抉择造成深远的影响。

研究表明，在焦虑、生气、抑郁、沮丧的情况下，任何人都无法有效地接受信息。情绪沮丧的悲观者会严重影响智能的发挥，因而沮丧悲观的情绪压制大脑的思维能力，从而使人的思维瘫痪。

情
商
的
世
界

当然，乐观不等于快乐，但是乐观的人，更容易捕捉到快乐的感觉，进而让自己快乐起来。反之，悲观的人，很难看到希望和成功，也自然不会有什么快乐的感觉，以至于无法享受到快乐。所以，我们要努力让自己做一个乐观的人，尽情地体会快乐。

第八章 情商影响我们的快乐

◎ 保持乐观的心态

在我们的成长经历中，没有人是一帆风顺的，谁都会遇到挫折坎坷，有时候也会被逼到濒临绝望的境地。

但是，请记住这样一个事实：当我们还在蹒跚学步的时候，走路虽然是一件很困难的事，但我们还是会一次次在跌倒中站起来，微笑着扑向母亲的怀抱。其实早在孩童时代，我们已经拥有了乐观，那么，在以后的人生旅途中，请不要忘掉自己曾经付出的努力，因为乐观的心态铸就了更为辉煌绚丽的人生！

在现代社会，面对复杂多变的社会环境，有些青年人会觉得越来越力不从心，觉得这个世界为他们设置了太多的障碍，要获得成功似乎是十分困难的一件事情。其实不然，只要你保持乐观，一切都会有希望。

在人生的旅途上，一次偶然的机遇，导致了伟大而深刻的发现，使科学家因此成名；一个突如其来的机遇，使有的人大展才华，干出一番惊天动地的事业，从而名垂青史；甚至，一次意外的事故，也能影响一个人的整个生涯，对他的发展起着转折作用。

中国观众开始认识游本昌，是从电视剧《济公》的播出开始的，从此他的名字连同"济公"这一形象便深深地印在了亿万观众的脑海中。很多人都不知道，那时候的游本昌已经52岁，为了济公这个角

色，他已经不知不觉地准备了近40个年头。

少年时的游本昌就精于模仿，热爱表演。凭着良好的表演天赋，他被保送到上海戏剧学院深造，并在大学毕业后极其幸运地被吸收进入中央实验话剧团。然后，他未料到，跨入中国当时一流的剧院这一天，也是他不走运的开始，等待他的将是30年的默默无闻。

在这30年里，除了某些例外，他所扮演的几乎都是小角色、小人物，对于一个演员来说，这不能说不是一场悲剧。然后他却从不气馁，只是通过默默地耕耘和锻炼，对每个角色进行精工细凿。他的信条是，"没有小角色，只有小演员"；"热爱心中的艺术，不是艺术中的自己"。

后来济公给游本昌带来了运气，他成功了，从一个小角色成为艺术界璀璨的明星。对于命运中的这次转机，游本昌说："是玫瑰总会开花。我在上海戏剧学院工作时曾有一位艺术家结合自己30岁成长的经历说过，'一个人成功最大的问题就是机遇'。他还谈到和他一样的一个人民演员很有才华，却久久不得志。直到42岁拍完一部电影才崭露头角。我很喜欢鲁迅的著作，更赞赏鲁迅先生的韧性地战斗。我相信事在人为，如果说有运气和机遇上的差别，我绝不能因时运不济而削弱志气。倘若削弱了志气，连原有的才气也完了，运气自然不会敲你的门。为什么我游本昌演济公？因为我演过话剧，演过哑剧，电视剧导演听了熟悉我的人介绍我有戏剧表演才能，我才幸运地饰演了济公。因此，我觉得如果有人遇到怀才不遇的问题，请不要泯灭自己的志气，相反，更要激发你的韧性和力量。凡事只能往前闯，否则没

有出路。奥斯卡电影金像奖，有人七八次提名未中，也有提名一次就获奖的幸运儿。我们要从未获奖的人身上学志气，不要从幸运儿身上学运气。卓别林80岁才去领奖，亨利·方达年近七旬才去领奖。历史证明：生活绝不会辜负一个辛勤的耕耘者。我们不要等别人发光，等别人抛彩球，自己沾光；我们要自己发光，要高速运转，才能产生热量。我运转的动力是什么，就是千方百计地追求上乘演技。"

虽然命运并不是很公正的，让那些毫无准备的人也能获得某种运气，取得成功，但是从长远来看，这些人很少能有所建树。而在我们力所及的当代名人的成功史上，无不记载着人们为迎接运气而做的种种准备。他们都是创造机遇的高手，他们总是在努力，总是在战斗。他们珍惜自己的每一分每一秒，开始时他们是在追寻机遇，而一旦他们自身的实力积累到一定的程度时，他们便会抓住机遇，让成功自动登门拜访。而且，随着他们自身才能的不断提高，其知名度也会不断增加。可以说，因为主观的努力，他们取得了成功。

机遇是为那些有准备的人而呈现的，是对其努力的一种肯定和回报。长期的准备过程中挫折难免，但心中要坚信：机遇只偏爱有准备的头脑。所以，学会忍耐，做好准备。

金子总是要发光的，而发光的东西总是易于被人发现。弗莱明成功地发明了青霉素之后，有人问他是不是靠"运气"帮忙，他说："不要等运气降临，应该努力掌握知识。"

决定我们命运的，不是别人，恰恰是我们自己。正如一位哲学家所说："我们拥有决定事变的主要力量。因此，命运是有可能由自己

来掌握的。"你遭遇困难了吗？别哭泣，也许明天，它就给你带来运气了。面对困难和挫折，不要哭泣，也不要放弃，只要始终怀揣一颗乐观勇敢的心，也许就会迎来另一种幸运。要知道，挫折也有它积极的一面。

　　只要人在，心在，生命在，那么就请相信：挫折没什么大不了！

◎ 不要为过去哭泣

昨天已成过去，把握好今天，憧憬明天才是我们应该做的。但是，在现实生活中，很多人却总是活在过去的阴影和回忆里，他们为过去感到哀伤，感到后悔，却不知道泪水根本无法挽回什么，一切都是无济于事。所以，真正懂得享受生活，懂得体会快乐的人，是不会为过去而哭泣的。

也许有人会问，为什么有些人就能比其他人赚更多的钱，拥有不错的工作，良好的人际关系，健康的身体，整天快快乐乐地享受着高品质的生活，而有些人忙忙碌碌地劳作却只能维持生计？这不都是过去所造成的吗？我们为什么不能追悔呢？为什么有些人能够获得成功，能够克服万难去建功立业，而有些人却不行？我们为什么不能为此伤心哭泣呢？

我们当然可以后悔，可以伤心，可是这一切有用吗？你的伤心会改变什么呢？

其实，这主要是人的心态在作怪。心理学专家发现，人们追悔过去的秘密就是人的"乐观心态"。

一位哲人说："你的心态就是你真正的主人。"

一位伟人说："要么你去驾驭生命，要么是生命驾驭你。你的心

态决定谁是坐骑，谁是骑师。"

人生一世，殊为不易。在看似平坦的人生旅途中充满了种种荆棘，往往使人痛不欲生。痛苦之于人，犹狂风之于陋屋，巨浪之于孤舟，水舌之于心脏。百世沧桑，不知有多少心胸狭窄之人因受挫折放大痛苦而一蹶不振；人世千年，更不知有多少意志薄弱之人因受挫放大痛苦而志气消沉；同样地，又不知有多少内心懦弱的人因受挫放大痛苦而葬身于万劫不复的深渊……面对挫折，我们不应放大痛苦，而应直面人生，缩小痛苦，直到成功的一天。

"老当益壮，宁移白首之心；穷且益坚，不坠青云之志。"初唐四杰之一的王勃，可谓："时运不济，命途多舛。"然而直面挫折，他却能达人知命，笑看人生。试想，如果没有王勃开朗豁达的胸襟，哪有"海内存知己，天涯若比邻"的千古绝唱？

"安能摧眉折腰事权贵，使我不得开心颜"的浪漫诗仙李白，在遭遇仕途不顺的挫折后，他沉寂了吗？消沉了吗？没有。"长安市上酒家眠"笑对痛苦，面对挫折他拂袖而去，遍访名山，终于成就了他千古飘逸的浪漫情怀！

由此看来，面对过去的失败和挫折，面对已经成为定局的东西，我们不应过分地沉迷于痛苦失意的阴影中不能自拔，我们不应整日浸泡在悲伤痛苦的泥潭中越陷越深，我们也不应长期颓废不振而迷失方向。

我们要明白，既然过去已经无法挽回，那么我们就要珍惜现在，把握好今天，努力开创一个美好的未来。在我们遭遇挫折的时候，我

们要想办法减轻痛苦，减轻自己内心的伤痛感，这才是明智的选择。

刘备面对失去二弟的痛苦，因兄弟之情无法释怀，放大痛苦，结果在痛苦中做出错误决定，贸然出兵伐吴，落得"白帝托孤"的千古悲剧。可悲可悲！

正所谓"前事不忘，后事之师。"

古人已经为我们做出了太多的榜样，也留下了太多的遗憾。在现在竞争日益加剧的社会里，挫折无处不在。若因一时受挫而放大痛苦，将会终身遗憾。遭遇挫折，就当它是一阵清风，让它从你的耳边轻轻吹过；遭遇挫折，就它为一阵微不足道的小浪，不要让它在你心中激起惊涛骇浪；遭遇挫折，就当痛苦是你眼中的颗尘粒，眨一眨眼，流一滴泪，就足以将它淹没。

过去的就让它过去吧，我们不要为了失去太阳而哭泣，而要为看到满天繁星而感到高兴。所以，擦一擦额上的汗，拭一拭眼中欲滴的泪，继续前进吧！相信总有一天你会看见蓝蓝的天，白白的云，青青的草，还有你嘴角边的甜甜的笑。

当然，从过去的阴影中走出来也并非是说说那么简单的事情。我们还应该找寻一些切实可行的办法，这样才能尽快走出过去，走出一个崭新的自我。比如，倾诉，就是摆脱精神困境的一剂良方。

有一天，一位秘书走进希尔的办公室，告诉他有一个女人想见他。

"事先约好的吗？是什么样的人呢？"他问道。秘书回答说："并不是事先约好的。我只知道她的名字。她是在路上行走时从招牌上看到先生的名字。她说她是有'积极思维'的人，现在碰到一些苦

恼的事，相信先生能给她力量，所以就来了。"

"是这样吗？请她进来，我和她谈谈。"

那个女人伶俐地说："感谢你没有预约就见我。我简单地说明事情，请你给我建议，我就告辞。"

她说话的样子虽然很开朗，但隐瞒不了心中的苦恼。她表示她为了成为具有积极人生态度的人而努力学习，可是"有很多问题和困难相继降临在我身上。虽然努力，但因为失望，积极的态度几乎要被淹没了。"

她又说："如果能克服失望，我相信就能恢复原来的我，顺利地处理事情了。"

希尔说："请把一切都说出来，我会帮助你的。继续说下去吧，让我知道是你苦恼的事，也许能替你想到好的解决办法。"

于是，她平静地说出了自己的苦恼。她非常有条理地叙述，不像思路不清的人老是重复同样的话。希尔想，很明显她是一个思考型的人，而且担任相当重要的工作。

谈了近39分钟，她看了一下手表说："啊，打扰您很多时间了，我实在抱歉，不过我得到了很多帮助。第一次见您就对我这样亲切，我会永远记得的。"

说完后就和进来时一样快步走出房间。

希尔不知道自己为她做了什么。过了一会儿才发觉他是以静听她说话的方式给予她帮助。她因为把自己心里的话全倾吐出来而感到轻松。

当失望堆积得快要把你的心压垮，积极的态度即将瓦解时，就要找一位能以积极的态度聆听，有充分理解力的人，倾吐所有的黑暗。

几年后，在一次演讲会上，那个女人排队等待和希尔谈话，提到当的情形时说："那一天你把我从危机中解放了出来。我一直都很顺利。"

因此，当你因为过去的某些记忆而难以释怀的时候，那么就找一个知心的人，去倾诉将你的苦闷，把你的不快，通通告诉他，像掏空口袋一样，把脑袋里的消极的东西全部拿出去，那么你就会觉得轻松了许多。记住：这要比哭泣更积极，更有效果。

情商的世界

◎ 微笑的作用

笑容是人类的特权，这是世界上最美的无声语言。它虽然不用说一个字，但是却能带给人沁人心脾的最佳感受。

微笑具有非常神奇的作用。在人际交往中，微笑具有神奇的力量，没有什么东西能比一个阳光灿烂的微笑更打动人心的了。同样，微笑也是你身心健康和家庭幸福的标志。

对微笑，卡耐基有这样的描述：它在家中产生，它不能买，不能求，不能借，不能偷，因为在人们得到它之前，它是对谁都无用的东西。它在给予人之后，会使你得到别人的好感。它是疲倦者的休息，失望者的阳光，悲哀者的力量，又是大自然免费赋予人们的一种解除苦难的良药。

威廉·史坦哈德是纽约证券交易所的职员，他的经历也许正是很多人曾经或正在经历着的。

史坦哈德先生说：我结婚8年，每天从起床到上班这段时间，我很少和太太说话或向她微笑，我总是发着牢骚，心不甘、情不愿地去上班。后来，我参加了一个培训班，班上的老师向我讲述了微笑的作用。因此，我决定尝试一个礼拜。

从第二天早晨起，当我对着镜子梳洗的时候，我就对自己说，"比尔，从现在起，扫除所有的烦恼，要面带笑容地去迎接这崭新的

一天。"当我坐下吃早餐的时候，就面带微笑地向太太问好，说声早安。结果，她吓了一跳。我告诉她，在未来的日子中，我会一直保持这种态度。

当我和一个经纪人的下属职员谈天，我得意扬扬地告诉他最近所领悟出的人生哲学时，他坦白地告诉我，当我第一次与他们公司谈生意时，觉得我是一个冷漠可怕的人，直到最近才改变看法。他说，只有当我笑时，才像一个可亲的人。我也尽可能地减少批评，以赞美来代替责备。我不再只想到自己，我也会试着体谅别人，这些尝试改变了我的生活，使我成为一个更快乐的人、更充实的人。

我的改变带给家人无限的快乐。现在当我去上班时，我会带着笑容和邻居打招呼，在公司里，我会向所有的同事亲切地问好。很快，我发现同事们对我的态度也变了。他们回报我温暖的笑容。我终于体会出这个改变带给我多大的好处，使我每天都很愉快。

也许现在的史坦哈德只是一个普通的职员，但从那一天起，他用微笑改变了自己的生活，他得到的情感回报远远超过物质上的收获。他从此将是一个幸福快乐的人。因为幸福和快乐不是职位和地位以及财富可以决定的，幸福要靠心的衡量和感知。

哈佛大学教授威廉·詹姆士曾说："人们的情绪似乎影响着行为，但事情上，情绪与行为是一体的，我们可以凭意志来控制行为，再以行为来影响情绪。如果你付出了微笑，你将收获幸福。"

所以说，无论在什么地方，无论你在做什么，在人与人之间，简单的一个微笑是一种最为动人的语言，它能够消除人与人之间的隔

阁。人与人之间的最短距离是一个可以分享的微笑，即使是独自微笑，也可以使你和自己的心灵进行交流。

一旦你学会了阳光灿烂的微笑，你就会发现，你的生活从此就会变得更加轻松，而人们也喜欢享受你那阳光灿烂的微笑。

在一个商场里，有个穷苦的妇人，带着一个约4岁的男孩转来转去，她们走到一架快照摄影机旁，孩子拉着妈妈的手说："妈妈，让我照一张相吧！"妈妈弯下腰，把孩子额前的头发拢在一旁，很慈祥地说："不要照了，你的衣服太旧了。"孩子沉默了片刻，抬起头来说："可是，妈妈，我仍会面带微笑的。"

没有漂亮的衣服，但是我们有漂亮的笑容，这个世界上还有什么可以比笑容更美丽的东西吗？如果你在生活摄影机面前也能像那个贫穷的小男孩一样，穿着破烂的衣服，一无所有，但却能坦然而从容地微笑，那么你的生活将会充满快乐。所以，我们可以坚信，那个小男孩一定过得很快乐。

面对亲人，你的一个微笑，能够使他们体会到，在这个世界上，还有另外一个人和他们心心相连；面对朋友，你的微笑，能够使他们体会出世界上除了亲情，还有同样温暖的友情，让他们感受到自己的重要性。

走遍世界，阳光灿烂的微笑是你畅通无阻的通行证。微笑永远是我们生活中的阳光雨露。笑，还是一种神奇的药方，它能医治许多疾病，并具有强身健体的医疗功能。医学家告诉我们，精神病患者很少笑，一个人有疾病或者有其他烦恼的人，也不会从心底发出笑声。

不仅如此，微笑对人类的健康也有着非常积极的意义。

美国加利佛尼亚大学的诺曼·卡滋斯曾患胶原病，这是一种疑难杂症，康复的可能性仅为百分之一，而他就成为这个"一"。后来，他把当时的情况写在了《五百分之一的奇迹》这本书里："如果，消极情绪引起肉体消极的化学反应的话，那么，可以推测，积极向上的情绪可以引起积极的化学反应。可以推测，爱、希望、信仰、笑、信赖、对生的渴望，等等，也具有医疗价值。"

卡滋斯认为，笑具有惊人的医疗效果："我的体会是，如果能够从心底里发出笑声，并持续10分钟，会产生诸如镇痛剂一样的作用，至少可以解除疼痛两个小时，安安稳稳地睡觉。"

所以，无论你是什么肤色，无论你现在贫穷还是富有，无论你现在从事的是什么工作，无论你是否有车有房，无论你曾经遭受了多少苦痛折磨，无论你未来还要面对多少激流险滩，你都应该始终以微笑面对，因为你的笑容会让一切不幸低头，随之而来的就是快乐和幸福。

◎ 充满热情地去生活

大诗人S. 乌尔曼曾说过："岁月只能在你的额头上留下一些皱纹，但你在生活中如果缺少热情，你的心灵就将布满皱纹了。"

美国天文学家R. 爱默生也曾写道："人要是没有热情，是干不成大事业的。"

我们的生活离不开热情，如果没有了热情，生活便失去了情调，失去了色彩，失去了生活本身的真正意义。没有热情，我们就没有工作的动力，没有活着的奔头。没有热情，我们的压力就会越来越大，永远都体会不到幸福和快乐的真谛。所以，我们必须充满热情地生活，尽情享受我们应该得到的一切。

人只要有了热情，无论在什么情况下，都能坚持自己的信念和梦想，做出一番伟大的成就。

著名大提琴家P. 卡萨尔斯在90岁高龄时，还是每天坚持练琴4~5小时，当乐声不断地从他的指间流出时，他俯曲的双肩又变得挺直了。他疲乏的双眼又充满了欢乐。

美国堪萨斯州威尔斯尔的E. 莱顿直至68岁才开始学习绘画。他对绘画表现出极大热情，在这方面取得了惊人的成就，同时也结束了折磨他至少30余年的疾病。

人，只有有了热情，才能把额外的工作视作机遇，才能把陌生

人变成朋友，才能真诚地宽容别人，才能热爱自己的工作。不论他有什么头衔，或有多大权力。人们有了热情，就能产生浓厚的兴趣和爱好；就会变得心胸宽广，抛弃怨恨和仇视；就会变得轻松愉快，当然，还将消除心灵上的一切皱纹，也就有了生活的辉煌感。

纽约的法律顾问罗勃特·史威比尔，以"热情的重要性"为题写了一篇论文。在那篇论文中，他说："律师接案在法庭上辩护时，如何获致成功？答案永远是一样的：准备。除此之外，还需要热情。"

什么是热情？

热情是代表目的或主题的一种强烈的情绪奋起。热情的人具有丰富的想象力，毫无恐惧或疑惑，能够和听者交流。发自内心的热情会散播，具有极强的吸引力。如果你能够在法庭上说服陪审团，连这种最困难的情形都做得到，在其他方面就容易多了。热情与兴趣缺乏同样具有传染力，其中抉择权在你手中。

这是通用的法则，每个人都可以做得到。我们只要懂得把这些"通用的原则"应用到生活与事业上，并将其运用得当，我们就能够获得成功。

一位受邀前来盐湖城摩门大教堂演讲的人，原本只预计演讲45分钟，但最后却足足讲了两个多小时还没有结束。终于，演讲可以宣告结束了，此时，在场的一万多名听众均起立鼓掌，时间长达5分钟之久。

到底是什么精彩的演说内容，以至于可以得到这么热烈的反响？

其实，他演讲的内容并没有什么吸引人之处，人们之所以为之

倾倒，主要是因为他那充满热情的演讲方式。整个演讲过程中，他激情四射，热情洋溢，没有一个听众不被其热情所感动，当然，因为感动，以至于大多数人根本记没有记得他到底讲了什么内容。

路易士·维克多·艾丁格被判无期徒刑，在亚利桑那州立监狱服刑。他没有朋友，没有律师，也没有钱。但是他有满腔的热情，而且他有效地运用了自己的热情，最终使他重获自由。

艾丁格写信给雷明顿打字机公司述说自己的境况，请求该公司以赊账的方式，卖给他一部打字机。结果，该公司不但向他提供了一部打字机，而且是免费赠送的。之后，他写信给各公司，请他们提供促销文稿，由他打字之后再寄回给他们。他的工作非常有效率，赞助性的捐款很快就累积到足以支付律师的费用。由于律师的协助，使他获得特赦。当他走出监狱时，广告代理商的老板见到他说："艾丁格，你的热情比监狱的铁窗有力多了。"公司已经安排好了职务在等着他呢。

拥有热情，不会让你觉得工作辛苦，甚至会使你把它当作一份出自爱心的工作。你的工作热情会自动将你的注意力引导到它身上，并且会把萦绕在你心头的意念，印在你的潜意识里；同时，你的热情也可以像无线电波一样传达给别人，和长篇大论或华丽的辞藻相比，你的热情能更有力地传达你的理念，使别人认同你的观点。

一位非常成功的业务经理说："热情是优秀的推销员最重要的特质。握手时要让对方感觉到你真的很高兴和他见面。"

史密斯最初在一家食品店里卖水果。

有一次，食品店旁贮存水果的仓库突然起火，虽扑救及时，但还是有18箱香蕉被火烤得有点发黄，而且香蕉皮上还沾了许多小黑点。老板决定让史密斯降价出售这些香蕉。

对于这个任务，史密斯感到十分为难，但老板交的任务又不得不完成，他只好硬着头皮将香蕉摆到了摊上，拼命地吆喝起来。

人们听到吆喝声全都赶来摊前，但人们当看到香蕉的模样，都失望地走开了，任凭史密斯使出了浑身的解数，竭力解释，仍是无济于事，一天下来，史密斯喊破了嗓子，却连一根香蕉也没卖出去。

晚上，史密斯对着香蕉出神。他仔细地检查了一遍香蕉，的确没有变质，虽说皮上有些黑点，但由于烟熏火烧的缘故，吃起来反而别有一番风味。于是，史密斯灵机一动，计上心来。

第二天，他又把香蕉摆了出来，依然是大声地吆喝，只是吆喝的内容与前一天大不相同："快来看呀，最新进口的阿根廷香蕉，正宗的南方水果，全城独此一家，数量有限，快来买呀！"

很快，摊前便围了一大群人。

"请问，您以前见过这样的香蕉吗？"史密斯问一位年轻的小姐，他注意到这位小姐已经在摊前转了半天了，只是还一时下不了决心。

"没见过。不过看上去倒挺有意思的。"小姐回答。

"您尝一根，我敢保证，您从来没有吃过这么好吃的香蕉。"史密斯说着，麻利地剥了一根香蕉，递到小姐的手里。"

"这位小姐尝了之后，一直赞不绝口，嗯……确实有一种与众不同的味道，好吧，给我来10磅吧。"

史密斯开了这样一个好头，使得许多顾客也都不再犹豫，纷纷掏钱购买。就这样，18箱香蕉很快以高出市价近一倍的价格，被抢购一空，许多慕名前来购买"阿根廷香蕉"的人们只能失望而归。

由此可见，生活和工作都需要热情，只要你用心、用情去做，别人就一定会感受得到，你就一定能够有所收获。但是，值得注意的是，热情源于真实，因为虚情假意是骗不了人的。过分的热心、刻意地迎合别人，每个人都可以看得出来，也没有人会相信。

杰宁士·蓝道夫的热情，使他一生在政坛平步青云。蓝道夫自西维吉尼亚沙朗大学毕业之后，以压倒性的胜利，击败经验丰富的资深对手，当选为国会议员。由于他成功地整合了其他的国会议员，罗斯福总统特别重用他，让他负责编写战时的特别立法。

在华盛顿的教授们所做的一项调查中，罗斯福和蓝道夫被选为当时最受欢迎的政治人物。蓝道夫的热情与魅力，使他的积分远远超过总统。担任14年的国会议员之后，蓝道夫决定转到私人的企业服务。他担任首都航空公司总裁的助理，当时公司的营运正出现赤字。在不到两年的时间里，他发挥无可抵挡的魅力，使公司的获利超过了其他的航空公司。

提到蓝道夫愉悦的个性，首都航空公司的总裁曾说："他的贡献远远超过他的薪水。除了他实际执行的工作，更重要的是，他的热情鼓舞了公司里的其他人。"

热情并非与生俱来，而是后天的特质。你也可以拥有。几乎每一次和别人的接触，你都在尝试推销某种东西给对方。

因此，你必须先说服自己，你的理念、你的产品、你的服务——或是你自己，是值得肯定的。并且不断严格地检查，找出缺点，立即改进。要由衷地肯定你的理念及产品。

　　其实，生活跟推销一样，同样需要热情和信心。只要你有了这种坚定的信念，再养成积极思考的习惯，就能激发出自己的活力与热情，发出真诚的光和热，散播到别的人身上。当别人觉得温暖的时候，也是你觉得幸福的时刻。

情商的世界